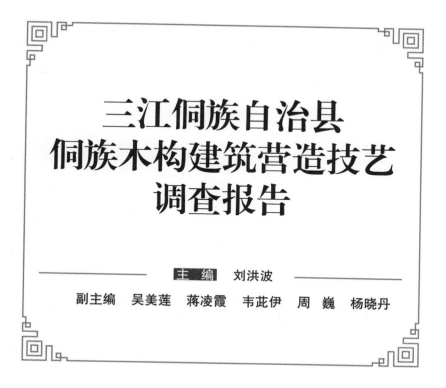

三江侗族自治县侗族木构建筑营造技艺调查报告

主 编 刘洪波

副主编 吴美莲 蒋凌霞 韦芷伊 周 巍 杨晓丹

U0254664

湖南大学出版社·长沙

内 容 简 介

本书主要阐述了三江侗族自治县侗族木构建筑保护和创新现状，对三江侗族自治县侗族木构建筑工匠基本状况进行了调查，结合政府、企事业单位和社会各界参与侗族木构建筑营造技艺保护与创新的情况，总结了现在存在的问题，并提出了对策。

本书可作为资料书供相关专业爱好者学习参考。

图书在版编目（CIP）数据

三江侗族自治县侗族木构建筑营造技艺调查报告 / 刘洪波主编.— 长沙：湖南大学出版社，2020.11

ISBN 978-7-5667-2055-9

Ⅰ.①三… Ⅱ.①刘… Ⅲ.①侗族—木结构—古建筑—三江侗族自治县—调查报告 Ⅳ.①TU-092.872

中国版本图书馆CIP数据核字（2020）第214947号

三江侗族自治县侗族木构建筑营造技艺调查报告
SANJIANG DONGZU ZIZHIXIAN DONGZU MUGOU JIANZHU YINGZAO JIYI DIAOCHA BAOGAO

主　　编：	刘洪波
副 主 编：	吴美莲　蒋凌霞　韦芷伊　周　巍　杨晓丹
责任编辑：	汪斯为　胡建华
印　　装：	湖南雅嘉彩色印刷有限公司

开　　本：787 mm×1092 mm　1/16　　印张：7.25　　字数：127千

版　　次：2020年11月第1版　　印次：2020年11月第1次印刷

书　　号：ISBN 978-7-5667-2055-9

定　　价：36.80 元

出 版 人：李文邦

出版发行：湖南大学出版社

社　　址：湖南·长沙·岳麓山　　邮编：410082

电　　话：0731-88822559（营销部）　88821174（编辑部）　88821006（出版部）

传　　真：0731-88822264（总编室）

网　　址：http://www.hnupress.com

2003 年 10 月 17 日，联合国教科文组织在巴黎通过了《保护非物质文化遗产公约》，标志着一个新的概念——"非物质文化遗产"正式在国际法律文件中确定下来，将之前日本在 1950 年提出的"无形文化财"、联合国教科文组织 1998 年发布的《宣布人类口头和非物质遗产代表作条例》中的"口头遗产"和"非物质遗产"等概念重新整合。2004 年，我国加入了《保护非物质文化遗产公约》，2005 年，我国颁布和实施了《关于加强我国非物质文化遗产保护工作的意见》（国办发〔2005〕18 号）和《国务院关于加强文化遗产保护的通知》（国发〔2005〕42 号）等文件，我国非物质文化遗产保护工作在全国范围内全面开展，逐步构建了国家、省（区）、地市和县四级非遗保护项目名录和代表性传承人名单。截至 2018 年，我国入选联合国教科文组织非遗名录的项目有 40 项；国家级非遗代表性项目经过四批次评审，进入名录的共计 1372 项。截至 2016 年，各省（区）公布的省级非遗名录共计 11042 项，地市级非遗名录 36111 项，县级非遗名录 88518 项。①

经过十多年的发展，各级非遗项目名录不断增多，非遗保护与传承成为一项长期开展的工作，非遗的保护与传承将不断深入人心，成为全社会的共识。2011 年 6 月 1 日，我国开始实施《中华人民共和国非物质文化遗产法》，非遗保护获得了法律地位。2012 年 5 月，财政部、文化部联合颁布实施了《国家非物质文化遗产保护专项资金管理办法》（财教〔2012〕45 号），进一步规范和加强了国家非物质文

①安学斌.21 世纪前 20 年非物质文化遗产保护的中国理念、实践与经验［J］.民俗研究，2020（1）：24.

化遗产保护专项资金的管理。

在 2011 年中国文化遗产日，时任国家文化部非遗司副司长马盛德在接受记者采访时说："中国在实施非物质文化遗产保护中，主要采取抢救性保护、生产性保护、整体性保护、立法性保护四种重要方式。"非遗保护逐渐被越来越多的机构和个人所认识。

世界文化遗产的申报是对一个重要文化遗产的最高规格的肯定，对当地的文化遗产保护、文化弘扬和经济发展起到非常重要的作用。2012 年 11 月，"侗族村寨"被列入国家文物局申报世界文化遗产预备名单，由贵州省文物局牵头起草了《侗族村寨——中国世界文化遗产预备名单更新申报文本》，并形成了由贵州、湖南和广西三省（自治区）联合申报的机制。主要申遗村寨包括三省（自治区）四市（州）六县的 27 个侗族村寨，柳州市三江侗族自治县有 6 个村寨（马鞍屯、平寨、岩寨、高友村、高秀村、高定村）在申遗范围当中，这些侗族村寨的非物质文化遗产丰富，其保护与开发利用得到了社会各界的更多关注。

2015 年 10 月，党的十八届五中全会审议通过了《中共中央关于制定国民经济和社会发展第十三个五年规划的建议》，提出"构建中华优秀传统文化传承体系，加强文化遗产保护，振兴传统工艺"，明确了国家发展战略及文化发展的总体部署。

2016 年 11 月，广西壮族自治区颁布了《广西壮族自治区非物质文化遗产保护条例》（广西壮族自治区第十二届人大常委会公告第 65 号），进一步加强了地方非物质文化遗产保护、保存工作。

2016 年 12 月，《国务院关于印发"十三五"促进民族地区和人口较少民族发展规划的通知》（国发〔2016〕79 号）指出："加强少数民族非物质文化遗产集聚区整体性保护，支持民族地区设立文化生态保护实验区。积极开展少数民族非物质文化遗产生产性保护，命名一批国家级少数民族非物质文化遗产生产性保护示范基地。加大对少数民族非物质文化遗产濒危项目代表性传承人抢救性保护力度。支持少数民族文化申报世界文化遗产名录。"《国务院关于印发"十三五"国家知识产权保护和运用规划的通知》（国发〔2016〕86 号）指出："强化传统优势领域知识产权保护。开展遗传资源、传统知识和民间文艺等知识产权资源调查。制定非物质文化遗产知识产权工作指南，加强对优秀传统知识资源的保护和运用。完善传统知识和民间文艺登记、注册机制，鼓励社会资本发起设立传统知识、民间文艺保护和发展基金。"

2016 年，《保护非物质文化遗产伦理原则》正式进入我国非物质文化遗产保护工作领域，成为继 2003 年《保护非物质文化遗产公约》之后，影响并指导我国在国家一级和国际一级的非物质文化遗产保护实践的重要理念和原则。

2017 年 1 月，文化部印发了《中国非物质文化遗产传承人群研修研习培训计划（2017）》的通知（文非遗发〔2017〕2 号），进一步提高了中国非物质文化遗产传承人群研修研习培训工作的系统性、规范性、针对性和有效性。2017 年 1 月，中共中央办公厅、国务院办公厅印发了《关于实施中华优秀传统文化传承发展工程的意见》，强调要实施非物质文化遗产传承发展工程，进一步完善非物质文化遗产保护制度。2017 年 3 月，国务院办公厅转发了文化部、工业和信息化部、财政部联合制定的《中国传统工艺振兴计划》，部署促进中国传统工艺的传承与振兴，提出了建立国家传统工艺振兴目录、扩大非物质文化遗产传承人队伍、将传统工艺作为中国非物质文化遗产传承人群研修研习培训计划实施重点等十项任务。

2017 年 12 月，结合广西传统工艺保护工作实际，广西壮族自治区文化厅、自治区工业和信息化委员会、自治区财政厅联合印发了《广西壮族自治区贯彻落实中国传统工艺振兴计划工作方案》的通知（桂文发〔2017〕1961 号），推动非物质文化遗产保护落到实处。

2018 年 12 月 20 日，由柳州市政府主办的"2018 中国侗族村寨联合申遗面商协调会"，邀请了三省（自治区）四市（州）六县的政府部门领导及文保系统的领导和专家，并共同签署了工作备忘录，

形成了更加紧密的联动工作机制。

三江是广西唯一的侗族自治县，也是我国成立最早的侗族自治县。地处广西北部，桂、湘、黔三省（自治区）交界处。居住有侗、汉、苗、瑶、壮等多个民族，人口约 40 万，其中侗族人口占 57%。三江侗族自治县民族历史文化悠久，文化遗产资源丰富。据普查统计，全县民族文化涉及民族语言、民间文学、民间音乐、民间美术、舞蹈、戏曲、民间手工艺、人生礼俗、岁时节令、民间信仰、民间医药、游艺及民间传统体育等 16 个大类 126 个子项，是柳州乃至广西文化遗产资源种类多、内容广泛丰富的民族县。目前有国家级非物质文化遗产项目 3 个、代表性传承人 5 人；自治区级非物质文化遗产项目 24 个、代表性传承人 31 人；市级非物质文化遗产项目 30 个、代表性传承人 37 人；县级非物质文化遗产项目 50 个、代表性传承人 67 人。其中侗族木构建筑营造技艺为国家级非物质文化遗产项目，同时侗族木构建筑营造技艺也有国家级代表性传承人 2 人。

侗族木构建筑营造技艺于 2006 年由柳州市和三江侗族自治县申报入选国家级非物质文化遗产名录，是第一批国家级非物质文化遗产之一，立项至今已有十多年。三江侗族自治县是该项目国家级、自治区级、市级和县级代表性传承人所在地。在柳州市非遗保护中心和三江侗族自治县非遗保护与发展中心等主要负责部门

的努力下，当地构建了侗族木构建筑营造技艺的保护体系，出台了一些地方性保护政策和文件，举办了形式多样的传承活动，对该项目的保护、传承和发展做了大量的工作。同时还有企业、学校等机构和个人的参与，这十几年的成效如何，需要有一个深入而客观的调查。

2013 年，中央城镇化工作会议提出"让居民记得住乡愁"，强调推进以人为核心的城镇化建设。同年，中共中央、国务院印发了《国家新型城镇化规划（2014—2020 年）》，指出"根据不同地区的自然历史文化禀赋，体现区域差异性，提倡形态多样性，防止千城一面，发展有历史记忆、文化脉络、地域风貌、民族特点的美丽城镇，形成符合实际、各具特色的城镇化发展模式"。三江侗族自治县是侗族木构建筑营造技艺传承与创新的重要基地之一，自 2006 年侗族木构建筑营造技艺入选国家级非遗名录以来，以"风雨桥"和"鼓楼"为代表的建筑和建筑装饰风格备受青睐，在广西、贵州和湖南三省（自治区），出现了许多利用侗族木构建筑传统技艺设计和营造的公共性建筑，地方政府和民众力图通过强化建筑外观的民族化特征，以吸引更多的游客，带动当地旅游业和休闲消费产业的发展。

由于侗族木构建筑营造技艺是基于乡村的传统手工艺，其采取的传承方式是农业社会传统的"师带徒"和"口手相传"方式，并且侗族木构建筑的营造至今

依然采取"无图纸"的设计与施工组织方式，设计和营造的专业人员无法大批量地培养，与现代的建筑设计方式格格不入，难以进入主流的建筑设计与建筑施工管理教育体系之中。由此带来许多问题，一方面，各地热衷于营建具有侗族木构建筑风格的建筑和建筑装饰项目，许多项目在并未充分认识侗族木构建筑内在文化和审美价值的情况下上马，项目设计和施工交给一些并不具备专业水平的人员，留下了许多不伦不类的所谓民族建筑，不能起到传承中华民族优秀文化的目的；另一方面，侗族传统建筑在材料和工艺方面没有被纳入国家建设部门的相关技术标准体系，得不到专业设计单位和院校的认可，被排斥在专业设计和教育的门外，一直游走在一个灰色的地带。

三江侗族自治县作为重要的侗族木构建筑营造技艺的历史文化保留地和传承基地，理应承担这一技艺传承的历史重任，并顺应当前城市建设的发展趋势，探寻适合本地区经济和文化特点的发展模式，这就需要对侗族木构建筑营造技艺在本地区传承与创新的实际情况进行深入的调查和研究，对三江侗族自治县范围内从事侗族木构建筑设计和施工的单位和人员进行全面调查，掌握三江侗族自治县在该领域的产业状况，深入剖析侗族木构建筑营造技艺传承与创新存在的问题，研究在当前经济发展的背景下如何结合三江侗族自治县产业特点开展侗族木构建筑营造技艺的传

承与创新的思路和措施，为三江侗族自治县的城市建设与发展提供科学的依据和策略，为侗族传统技术和文化的保护提供有效的经验，为国家新型城镇化发展提供一个可借鉴的模式。

国内对侗族木构建筑营造技艺的研究主要是高校和研究机构在进行，国外对侗族木构建筑营造技艺的研究主要是以日本为代表的对中国西南以及东南亚地区古代干栏建筑的研究。而对侗族木构建筑营造技艺的传承与创新的研究基本没有，国内相关的研究成果以建筑学和民俗学、人类学研究领域为主。

从20世纪80年代开始，建筑学方面有代表性的研究成果有：桂林市规划设计院院长李长杰的《桂北民间建筑》（中国建筑工业出版社，1990）；广州大学蔡凌博士的《侗族聚居区的传统村落与建筑》（中国建筑工业出版社，2007）、《侗族建筑遗产保护与发展研究》（科学出版社，2018）；高雷的《白描·鼓楼风雨桥测绘研究实录》（广西美术出版社，2011）；张宪文的《侗族木构建筑营造技艺》（北京科学技术出版社，2014）；贵州民族大学向同明的硕士论文《侗族鼓楼营造法探析——以黎平'天府侗'为例》；重庆大学张家亮的硕士论文《鼓楼建构技术及韧性结构特征研究——以广西三江侗族自治县为例》；湖南大学张星照的博士论文《通道坪坦河流域侗族鼓楼结构类型与营造技艺的现代延续》；广西大学凌恺的硕

士论文《广西侗族风雨桥木构架建筑技术初探——以南宁相思风雨桥为例》；中南林业科技大学高家双的硕士论文《侗族鼓楼建筑类型学研究》；贵州大学郎维宏的《黔东南侗族鼓楼的装饰艺术》（《建筑》，2007），李敏、杨祖贵的《黔东南侗族民居及其传统技术研究》（《四川建筑科学研究》，2007），韦玉娇、韦立林的《试论侗族风雨桥的环境特色》（《华中建筑》，2002）。

民俗学、人类学方面有代表性的研究成果有：张泽忠的《侗族风雨桥》（华夏文化艺术出版社，2001）、吴浩的《中国侗族建筑瑰宝——鼓楼·风雨桥》（广西民族出版社，2008）、石开忠的《鼓楼·风雨桥》（贵州民族出版社，2010）、唐国安的《风雨桥建筑与侗族传统文化初探》（《华中建筑》，1999）、潘世雄的《侗族鼓楼和风雨桥建筑的缘起》（《广西民族研究》，1999）、石开忠的《侗族风雨桥成因的人类学探析》（《贵州民族学院学报》，2010）、唐虹的《侗族风雨桥的艺术人类学解读》（《广西师范学院学报》，2011）、廖明君的《侗族木构建筑营造技艺》（《广西民族研究》，2008）、刘洪波的《侗族风雨桥建筑营造技艺及其文化来源探析》（《西安建筑科技大学学报（社会科学版）》，2016）、蒋卫平的《侗族风雨桥装饰艺术探析》（《贵州民族研究》，2017）、吉首大学陶喆的硕士论文《侗族风雨桥文化符号研究》、广西大学郝瑞华

的硕士论文《三江侗族建筑的科技人类学考察》、重庆大学程艳的硕士论文《侗族传统建筑及其文化内涵解析——以贵州、广西为重点》等。

这些研究成果对侗族木构建筑营造技艺传承与创新的研究奠定了基础。

随着非物质文化遗产概念从西方国家进入我国，我国的非遗项目逐年增加，关于非遗传承的研究逐步开始，对侗族木构建筑营造技艺传承与创新的研究也相继开始。广州大学建筑学院蔡凌和邓毅的《侗族建筑遗产及其保护利用研究刍议》（《湖南社会科学》，2010）根据1975年欧洲建筑遗产大会通过的《阿姆斯特丹宣言》中"建筑遗产"的定义，界定了侗族建筑遗产的定义并对国内外研究现状进行了评述，提出研究可以从侗族建筑遗产的考察与梳理、侗族建筑遗产的分析与评价、侗族建筑遗产的保护与利用规划三个层面展开；华中师范大学蒋馨岚的硕士论文《侗族建筑文化遗产研究》在大量历史资料考证和侗族建筑文化与汉族建筑文化比较的基础上，探讨了侗族建筑文化的遗产价值、保护中遇到的困难，以及保护和传承的对策；广西师范大学漓江学院赵巧艳的《非物质文化遗产视角下传统技艺的传承与保护——以侗族木构建筑营造技艺为

例》（《徐州工程学院学报》，2014）对三江侗族自治县林溪镇侗族木构建筑营造技艺传承的传统方式进行了分析，并对存在的问题也进行了思考；西南大学吴军的博士论文《水文化与教育视角下的侗族传统技术传承研究》结合侗族自身文化特点较为深入地探讨了侗族木构建筑营造技艺传承的内在方式和现代困境；广西艺术学院韦自力教授的《桂中北地区侗族民居木构建筑技艺再造》（《作家》，2013）从现代思维方式和行为特点的角度去发现桂中北地区侗族民居木构建筑中存在的问题，阐明侗族民居木构建筑技艺再造的思路、方法及其价值，强调从自然的立场和人性化的立场推进侗族民居木构建筑文化的发展才是保护和传承人类历史文化成果、发展地区旅游经济的核心。

侗族木构建筑营造技艺作为第一批国家级非物质文化遗产，其保护与传承的意义已经不局限于民族文化和传统技艺的领域，对侗族地区脱贫致富、乡村振兴和新型城镇化建设具有十分重要的作用，其可持续保护与传承的模式将为其他地区的非遗保护和经济发展提供可借鉴的模式，可助力侗族村寨申报世界文化遗产，丰富世界文化遗产的多样性和独特性。

刘洪波

目次

第
一
章

调查目的、内容、
方式与过程

一、调查目的

本次调查工作于 2017 年启动，2019 年完成，主要目的是对三江侗族自治县所有乡镇的重要的侗族木构建筑进行调查和登记，以掌握全县重要的侗族木构建筑的基本数据、历史信息和保护状况；对全县所有乡镇的侗族木构工匠进行调查和登记，以掌握全县侗族木构工匠的数量、年龄结构、收入水平、受教育状况；对全县从事侗族木构工艺的企业和作坊进行调查和登记，以掌握全县木构工艺的企业和作坊的生产和经营状况。我们通过基础数据的建立和分析，可发现三江侗族自治县的侗族木构建筑营造技艺传承和发展存在的问题，对未得到保护的历史建筑和技艺高超的民间艺人建立档案卡，为有效落实国家对非遗保护和传统工艺保护提供真实可靠的信息，为促进相关行业健康发展和地方政府制定相关政策提供重要的依据。

二、调查内容与调查方式

本次调查的主要内容包括重要的侗族木构建筑保存现状和侗族木构工匠的现状。

（一）重要的侗族木构建筑基本信息调查

对每个村寨的鼓楼、风雨桥、戏台、寨门、坛庙等公共性建筑进行登记，获取公共性建筑的始建年代、维修年代、基本尺度、照片、航拍图、视频、三维激光扫描文件等相关信息；对每个村寨历史时间较长、规模较大的侗族木构民居建筑进行登记，获取民居建筑的始建年代、维修年代、基本结构、照片等相关信息。通过获取这一批重要的数据和资料，我们建立了侗族木构建筑营造技艺保护与传承大数据平台。侗族木构建筑营造技艺大数据平台是一个利用云技术与大数据技术对侗族木构建筑营造技艺进行保护和传承的专业化、多功能平台。侗族建筑数据库主要包括以下内容：建筑名称、其他名称、建筑所在地位置、建筑始建年代、建筑始建工匠（首士、择日、梓匠）、建筑维修年代、建筑测量数据（长、宽、高）、建筑造型描述、保护级别（国家级、省级、市级、县级）、确立保护的时间、照片、采访录音、视频等。

（二）侗族木构工匠基本信息调查

非遗保护的重点是技艺文化本身，技艺掌握在人，即传承人。传统侗族木构建筑营造技艺主要被年长的传承人掌握，年轻一代主动传承侗族木构营造技艺者逐渐减少。技艺传承要求我们将最核心的传统技艺有效地记录和保存，这就需要对县级以上的传承人和民间高龄且技艺高超的匠人（能独立承接一个小型或者大型侗族木构建筑项目的设计和组织施工）建立档案，获取工匠的出生日期、民族、学艺年龄、学艺经历、受教育情况、年收入情况、主持和参与完成的项目等信息（图1-2-1~图1-2-2）。

通过建立工匠档案，我们可达成研究深度上的拓展，形成一个家族的传承系谱或者师传系谱，了解侗族木构建筑营造技艺的传承情况，有利于县政府开展传承人培养工作，扩大每个工匠的知名度，帮助

图1-2-1　普查工作组到林溪镇高友村调研

图1-2-2　普查工作组深入侗族村寨做田野调查

工匠开展自我宣传，吸引外界投资，增加工匠的劳动价值，实现县内经济的有效增长，推动新型城镇化建设。

侗族木构工艺企业不仅可以使三江侗族自治县侗族木构建筑营造技艺这一国家级非遗项目得以传承，也可以为三江侗族自治县本地居民提供就业机会，提高经济收入水平，这些企业对三江侗族自治县的未来发展会产生巨大的影响。只有更加深入地考察三江侗族自治县侗族木构工艺企业的实际状况，认识和分析该企业在经营运作中的优势和劣势，才能有助于企业选择最佳的发展策略，采取最有效的运作方式。

调查人员对在三江侗族自治县内注册的从事木工和营造的企业进行登记，获取企业注册资金、注册时间、员工情况和所完成的项目情况等相关资料。

在调查的最后，项目组对所有采集的数据进行了分析，编制各种图表，深入研究和分析该技艺和行业中存在的问题，并提出技艺传承和创新的建议。

（三）调查方法

①文献查阅法。阅读、收集相关地方资料，结合建筑学、社会学、人类学、民族学等相关理论，就调查对象的具体情况进行调查研究准备。

②深度访谈，又称无结构访谈或自由访谈。它与结构式访谈相反，并不依据事先设计的问卷和固定的程序进行，而是只

有一个访谈的主题或范围，由访谈员与被访者围绕这个主题或范围进行比较自由的交谈。

③参与观察法。所谓参与观察法，就是研究者深入到所研究对象的生活中，在实际参与研究对象日常社会生活的过程中进行观察的方法。

④半结构性访谈。制定访谈问卷，对木工工匠进行半结构性访谈。

（四）调查方式

项目组在广西三江对侗族木构建筑营造技艺进行调查时，基本上采取了文字记录、测绘、拍照、录像、录音等方式。

①对营造技艺、建筑文化等内容进行文字记录，做到准确和详细。

②对建筑实体和结构进行测绘（图1-2-3）。

③对建筑的外观与结构、施工流程、工具、材料等拍照，从不同角度记录适于用图片记录的内容。

④对施工过程、工艺做法、技术细节等进行录像（施工动态内容适于用录像记录）。

⑤对传承人进行访谈（图1-2-4~图1-2-5）。首先是拟定传承人调查表和访谈提纲，征得木工工匠同意后，再安排访谈时间。访谈方式主要有两种：一是参与性访谈，在木工工匠施工现场进行跟踪访谈，对工具、材料、做法、原理等，针对不清楚的地方，及时提问、记录，从而获

图 1-2-3　运用三维激光扫描仪测量程阳永济桥相关数据

图 1-2-4　普查工作组采访民间技艺高超的
高龄艺人石银修

图 1-2-5　采访吴金添后人（吴德光）

得对营造技艺的准确认识，这种访谈的目的是了解工艺。二是半结构性访谈，约定时间、地点，与传承人就某些话题进行交流，了解传承人的生存状况、行业状况、师承谱系、授徒传艺等情况。

该调查通过乡镇搜集数据整理上报和普查小组田野调查两条线组织工作。乡镇府根据调查组提供的表格进行数据和资料收集，登记完成后上报县非遗中心。县非遗中心组织专业调查人员对每个乡镇重要的历史建筑进行测量、拍照，对重要的传承人，以及对当地著名掌墨师、技艺高超的高龄艺人进行采访，以拍照、录音、录像等方式收集材料。核对各乡镇上报的各种表格，最后集中核查，科学分析数据，完成调研报告，编纂书稿。

三、调查步骤

该项目于 2017 年启动，三江侗族自治县文化体育广电和旅游局（文体新广局）成立了侗族木构建筑营造技艺普查组，普查组由县文体新广局、县非遗中心等主管部门领导组成。柳州城市职业学院文化遗产研究学会作为技术支持单位协助完成该项目。

项目工作人员分为两个小组开展工作。

第一小组由县文体新广局、非遗中心、各乡镇文广站领导及工作人员组成，负责对各乡镇数据的收集和整理，联络相关机构和个人，保障调研工作顺利开展。重点完成侗族工匠基本信息调查、侗族木构工艺企业调查等内容的收集整理。

第二小组由柳州城市职业学院建筑系教师组成，负责重要侗族木构建筑基本信息调查，对重要的历史建筑进行测量测绘、拍照、录制视频、航拍、记录建筑背景资料，建筑背景资料包括建筑名称、建筑的所在地区、始建年代、维修年代、梓匠以及建筑的造型描述等。最后根据这些信息对后期数据进行比较分析和总结。

第一阶段：2017 年 1—12 月，启动该项目工作。一是查阅文献。通过已有研究成果和历史文献，了解调查对象的情况，确定调查的重点。二是拟定调查提纲。拟出调查的对象、范围、地区、时代、工种、工艺内容以及传承人调查问卷等，并通过查阅文献不断深化、细化提纲，在调查过程中根据实际情况对提纲做调整。三是前期动员。动员各乡镇积极配合调查工作，对工作人员进行培训，收集各乡镇第一轮上报的数据，确定第二阶段重点调研对象。同时，普查组制订相应的调查计划，开始根据调查计划到各乡镇进行田野调查。

第二阶段：2018 年 1—12 月，普查组全面深入田野调查，进行传承人访谈，收集、核查各类数据。一是进行实地调查准备。联系相关人员，安排行程，准备好相关资料、设备等。二是分组进行实地调查。通过分组的形式，分批分阶段地对调研对象进行调查。三是整理材料。调查后分组对收集的各种素材进行整理、归档。整理文字记录，及时发现记录不清楚的地方，进行核实；给照片编号，做出图片说明，包括拍摄时间、地点和内容；对录像资料进行剪辑，标注拍摄时间、地点和内容；将访谈的录音转换成文字，校正笔录；对访谈的表格统一归档，将工匠接受访谈的口语化表述统一进行加工整理，使其符合学术和文本要求。

第三阶段：2019 年 1—12 月，课题组编写调查报告。

第二章

三江侗族自治县侗族木构建筑保护和创新现状

三江侗族自治县位于湘黔桂侗族传统居住区的南部。过去由于交通不便，很多传统村落风貌得以保存，但在最近五年，由于高铁和高速公路的贯通，很多村寨发生了很大的变化。传统村寨和传统木构建筑的保护状况是侗族木构建筑营造技艺传承的直接反映，体现了传统技艺在村寨中的地位和作用，是非遗活化的表现，也是乡村人民对文化遗产保护的认识程度的体现。

三江侗族自治县大部分侗族村寨都有鼓楼、风雨桥、寨门、民居、宫庙、井亭、戏台等木结构建筑。本次调查中课题组实地走访了 7 个乡镇 60 多个村寨，对重要的历史建筑进行拍照、录制视频和测量工作，收集背景资料，建立单体建筑档案。目前登记入册的三江侗族自治县木结构建筑有 394 座，①按建筑功能类型分，其中鼓楼 181 座、风雨桥 124 座、飞山宫 5 座、井亭 36 座、戏台 36 座、寨门 12 座（图 2-0-1）。

登记的木构建筑名册中，按照建筑所在地分，林溪镇有木构建筑 148 座、八江镇有 79 座、独峒镇有 120 座、良口乡有 11 座、同乐苗族乡有 24 座、富禄苗族乡有 1 座、斗江镇有 3 座、洋溪乡有 8 座（图 2-0-2）。

登记的木构建筑名册中，按照建筑历史年代分（根据建筑所在地碑刻、主梁题字或者历史文献记录研究），始建于清代的建筑共有 88 座，始建于民国时期的共有 122 座，其余为 1949 年以后所建造（图 2-0-3）。

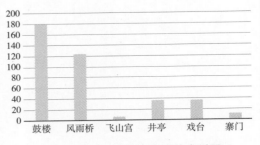

图 2-0-1　公共性木构建筑类型图

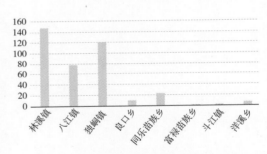

图 2-0-2　所调查的木构建筑的区域分布图

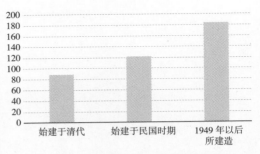

图 2-0-3　所调查的木构建筑历史年代分布图

①以三江侗族自治县文物部门提供的 2013 年普查登记的文物建筑中的木结构建筑为基础，适当增加部分重要的新建筑。

一、三江侗族自治县侗族木构文物建筑保护状况

根据实地调查，三江侗族自治县各级文物建筑有立碑保护的木构建筑有15座，还有一些文物建筑在2013年三江侗族自治县文物普查中被登记在册，但没有在实地立碑，重要的文物木构建筑集中在林溪镇、独峒镇、八江镇、良口乡等乡镇，即主要分布在三江侗族自治县中北部区域，其他区域较少。其中全国重点文物保护单位有林溪镇程阳永济桥、八江镇马胖鼓楼、独峒镇岜团桥和良口乡和里三王宫及人和桥等（图2-1-1~图2-1-4）。2017年12月8日，广西壮族自治区人民政府公布了广西第七批自治区重点文物保护单位，有三江侗族自治县的林溪镇侗寨古建筑群（含平岩、高友、高秀等村寨）（图2-1-5~图2-1-7）、独峒镇高定村侗寨古建筑群（图2-1-8）、梅林乡车寨古建筑群（含寨明、相思、平寨、陡寨等屯古建筑群）、独峒镇平流赐福桥（图2-1-9）和林溪镇亮寨鼓楼。以上五处侗族木构建筑是目前自治区级重点文物。县级重点文物保护单位也同样集中在以上乡镇，如独峒镇华练培风桥、独峒镇盘贵鼓楼、独峒镇高定独柱鼓楼、林溪镇亮寨桥、林溪镇平寨鼓楼、八江镇八斗风雨桥等。三江侗族自治县侗族木构历史建筑的

图2-1-1　全国重点文物保护单位程阳永济桥

图 2-1-2　全国重点文物保护单位马胖鼓楼

图 2-1-3　全国重点文物保护单位岜团桥

图 2-1-4 全国重点文物保护单位和里三王宫及人和桥

图 2-1-5 林溪镇平岩村侗寨古建筑群

图 2-1-6　林溪镇高友村侗寨古建筑群

图 2-1-7　林溪镇高秀村侗寨古建筑群

图 2-1-8　独峒镇高定村侗寨古建筑群

图 2-1-9　独峒镇平流赐福桥

始建年代主要在清代晚期，极少数为清代中期（如独峒镇盘贵鼓楼）。而贵州省从江县全国重点文物保护单位增冲鼓楼的始建年代为清雍正时期，贵州省黎平县茅贡乡高近迎龙桥的始建年代为清乾隆时期；湖南省通道侗族自治县平坦村的普济桥和回龙桥分别始建于清乾隆二十五年（1760）和清乾隆二十六年（1761）。在三省（自治区）的侗族传统聚居区内，三江侗族自治县重要的历史建筑始建年代相对北部两省在时间上略晚一些。从三江侗族自治县境内情况看，文物建筑主要分布在偏北部的乡镇，并集中在苗江河、八江河和林溪河流域，中部一带的古宜镇、良口乡、斗江镇虽然也是侗族重要的聚居区，由于地处321国道沿线，与外界的交往相对较多，文物建筑留存数量不及北部乡镇。

三江侗族自治县国家级文物木构建筑的保护分为两个阶段。2013年以前的维修投入相对较小：1984—2004年，程阳永济桥维修和消防项目共获国家文物局下拨经费127万元；2005年岜团桥获得国家文物局下拨维修经费50万元；2012年，和里三王宫及人和桥获得自治区维修经费50万元，维修工程由自治区文物保护中心负责，并在当地聘请有经验的工匠进行维修。2013年以后，国家级文物建筑保护在资金上的投入开始增大：2013—2014年，国家下拨70万元专项资金，完成了马胖鼓楼的全面维修；2013年岜团桥的保护和规划设计获得资金60万元；2014年程阳永济桥的保护和规划设计获得县级资金50万元。2015—2016年，完成了另外三项国保木构建筑的维修，其中程阳永济桥获得国家下拨资金131万元，岜团桥获得国家资金100万元，和里三王宫及人和桥获得中央资金323万元。另外，程阳永济桥、马胖鼓楼和岜团桥还获得了1496万元中央资金和地方配套资金，主要用于历史建筑周边环境建设，建设内容包括文物展示和管理用房建设、公共厕所建设、疏浚河道、消防系统建设、道路改建扩建、白蚁防治等。2019年，和里三王宫获中央资金和地方配套资金620万元，主要用于建筑周边环境建设，建设内容包含三王宫北侧广场、台阶、挡土墙拆砌修整，文物管理用房、公共厕所建设，道路修整，防护栏修复，和里溪北段、南段、东段驳岸片石拆砌，河道疏浚，等等。这一时期的维修工程以招标方式进行，中标单位来自全国各地，程阳永济桥和岜团桥的河道也得到比较全面的疏通和改造，提高了防洪抗洪能力，对历史建筑保护也十分有意义。

最近十年，国家级文物建筑的保护和修缮基本得到保障，修缮技术也有所提高。单体建筑本身的结构、工艺、装饰也尽力做到了保留原有的建筑工艺和文化，为后世人们学习和了解侗族木构建筑营造技艺提供了经典样板。但是，历史建筑周边环境的控制和整治情况则不尽如人意。以苗团桥为例，经过最近几年环境的整治，当地有关部门对苗江河河道进行了疏通和修缮，提升了整体环境，但桥头西面河滩民居砖房正逼近历史建筑搭建，且砖房高度高于历史建筑，周边也没有预留车辆交通用地。

县级文物建筑保护在资金投入上远不及国家级文物建筑，资金的投入原则上是由县财政预算支出。过去十年间，用于县级文物建筑修缮的经费共计 100 万元左右，平均每年每座建筑获得的经费在 1~2 万元，其他来源只能以当地乡村自筹的方式维持。保护较好的案例有独峒镇华练培风桥（图 2-1-10），为县级文物保护单位。华练培风桥修缮工作在 2014 年初开工，2014 年 6 月底竣工，修缮由华练村区级非遗代表性传承人吴承惠主持。吴承惠不仅在历史建筑的造型上保留了原有的结构和工艺，对碑刻也进行了保护。吴承惠是当地最有代表性的工匠，通过对代表性建筑修缮，传承传统的优秀工艺，达到非遗传承的目的。

有些文物建筑要引起人们的重视，如独峒镇盘贵鼓楼（图 2-1-11），该建筑始建年代为清乾隆时期，是三江侗族自治县境内极少数始建于清代中期的木构建筑。该建筑与主要交通道路之间没有留有一定的距离，过往车辆与建筑距离只有 2~3 米，严重影响了建筑的保护。而且周围的危房与历史建筑几乎连在一起，既不美观也不安全，文物建筑的空置区被各种施工设备和材料长期占用。

另外，在 2017 年批准的第七批自治区级文物保护单位中很多是以侗寨古建筑

图 2-1-10　独峒镇华练培风桥

图 2-1-11　独峒镇盘贵鼓楼

群的形式出现，而这些建筑群中有不少具有独特的造型和建造技巧的建筑，我们需要特别关注它们的使用与保护。如高友村的务衙鼓楼、中鼓楼（也称南岳宫）等，高秀村的中心鼓楼、河边鼓楼等，高定村的独柱鼓楼和粮仓等，都是侗族木构建筑中十分有代表性的建筑，对后世人们了解侗族木构建筑结构类型的多样性具有一定的价值。

二、三江侗族自治县侗族村寨不同类型木构建筑保护状况

课题组实地调研发现，最近十年，侗族村寨中的传统木构建筑的保护呈现出以下特点和现象。

（一）鼓楼建筑保护状况

鼓楼是侗族村寨中最重要最核心的建筑，在侗族民众心中地位崇高，几乎每个侗寨都有过鼓楼。本次普查登记了三江侗族自治县的181座鼓楼。年久失修的鼓楼都会得到全体村民的关心，村民们会自发筹集资金对鼓楼进行维修或者重建，并尽量由原来的建造匠人或者传承人负责，

图 2-2-1   干冲上鼓楼

这对建筑营造技艺的传承和延续有一定
的好处。如独峒镇干冲村中心的三座鼓
楼，即上鼓楼（图 2-2-1 ）、中鼓楼（图
2-2-2 ）和下鼓楼（图 2-2-3 ），在过去
十来年均得到维修和重建，当地工匠胡仁
显（1950 年生，独峒镇干冲村人）（图
2-2-4 ），18 岁开始独自掌墨，1982 年掌
墨修建干冲上鼓楼，2009 年修建干冲下
鼓楼，同年重建干冲中鼓楼。2012 年，
张道金、林庙文、林包元、林成显重修干
冲上鼓楼，2017 年 10 月林庙文重修干冲
中鼓楼。张道金、林包元、林成显为胡仁
显的徒弟。三座鼓楼造型风格相似，但每
座鼓楼的具体结构和尺度有所不同，人们
的活动空间均设计为完全分离的两层，第
一层从该层大门进入，第二层从外部增加

图 2-2-2   干冲中鼓楼（已拆）

图 2-2-3　干冲下鼓楼

图 2-2-4　独峒镇干冲村工匠胡仁显

旋转楼梯直接进入。第一层完全封闭，第二层以上均为六边形开放空间。另外，鼓楼建筑中的民俗活动也延续至今，每座鼓楼上均保留大量村民捐献的侗布，上面刺绣有捐献者自己的名字，长期悬挂在梁柱上，表达村民对美好生活的祝愿。

在本次普查过程中，普查小组发现林溪镇和八江镇部分村落保留有一些采用减柱法处理的鼓楼结构，即鼓楼中心四柱不落地的结构，这在侗寨中所见不多，具有一定的价值，体现了侗族木构建筑营造技艺的精巧构思和精湛工艺。还有一些因地制宜、结构灵巧的建筑案例，如林溪镇高友村的，于清光绪二十七年（1901）建造，该建筑结构集合了干栏式、穿斗式和抬梁式多种木结构类型，也体现了侗族木构建筑营造技艺灵活多样的特点（图2-2-5）。

与贵州、湖南两省侗寨中的鼓楼建筑相比，三江侗族自治县鼓楼建筑在体量上略小一些，在结构上相对灵活，以穿斗式和抬梁式混合为主，部分鼓楼有干栏式建筑特点。这一风格与临近的湖南通道侗族自治县平坦、黄土、陇城等乡镇的建筑风格接近（这三个乡镇1954年前属于三江侗族自治县）。三江侗族自治县鼓楼建筑平面以四边形、六边形为主，极少出现八边形；立面以较为均匀的五层、七层居多；三江鼓楼外部装饰较为朴素，具象性装饰不如贵州鼓楼形象鲜明，但也有一些例外，如独峒镇八协村坐龙屯小鼓楼上有

图 2-2-5　林溪镇高友村南岳宫

图 2-2-6　独峒镇坐龙屯小鼓楼

类似瑞兽和飞鸟的造型（图 2-2-6）。

（二）风雨桥建筑保护状况

　　侗族风雨桥是侗族村寨中与信仰和风水文化相关的建筑，是古代乡村民间信仰重要的建筑类型之一。大型风雨桥中一般设置有神庙，主要供奉关公、文昌、土地等神祇。大部分侗族村寨都建有风雨桥。本次登记的风雨桥有 124 座，三江侗族自治县的侗族风雨桥始建的年代相对贵州和湖南略微晚一些，大部分为清代晚期建造。"文化大革命"期间，风雨桥建筑被看作封建思想的代表，很多风雨桥年久失修自然损坏，桥中的神庙大部分被移除。

20世纪80年代以后，风雨桥信仰活动开始部分恢复。但到21世纪初，由于道路扩建和其他建设项目的需要，一些风雨桥被拆除或者被部分拆除。

在本次调查中获知，被洪水冲毁的风雨桥有林溪镇美俗村的两座风雨桥，且没有重建的计划；林溪镇半冲三合桥因为2003年修建乡村公路，其中一个桥亭被拆除；独峒镇唐朝村旱桥在2010年因为修建公路进行了部分拆除，原有的三个桥亭只剩下两个，但保留了基本结构（图2-2-7）。还有一些风雨桥的建筑结构和工艺较为典型，但年久失修。如独峒镇具盘村风雨桥为双桥亭全木结构，在2017年时已经处于即将坍塌的境地，目前桥屋

倾斜，支撑结构部分裸露（图2-2-8）；独峒镇八协村风雨桥中心桥亭顶部坍塌（图2-2-9）。

广西三江侗族自治县风雨桥建筑与湖南省相比始建年代相对较晚，保存和修缮情况不及通道侗族自治县这类位于平坦河流域的村寨；与贵州省相比，三江侗族自治县风雨桥大部分保留有全木结构支撑系统，而贵州省风雨桥大部分被改为水泥支撑系统。如：独峒镇具盘村具河桥始建于民国九年（1920年），2017年11月开始维修，2018年2月竣工。最初由莫如义建造，本次维修由县级代表性传承人石玉作主持，经费由政府下拨。此次维修是将损坏严重的部分进行替换，全部使用

图2-2-7　独峒镇唐朝村旱桥

图 2-2-8　独峒镇具盘村风雨桥

图 2-2-9　独峒镇八协村风雨桥

图 2-2-10　华练戏台（重建）

新的材料，替换的大小柱子有 17 根、瓜柱 86 个、檩条 98 条，与传统形式相比变化不大。

（三）戏台建筑保护状况

戏台是侗寨中的重要公共性建筑，几乎每个村寨都有，传统的戏台多为干栏式支撑，穿斗式建筑结构，屋顶以歇山式为主，一般处于村寨中心位置，与鼓楼、鼓楼坪紧密结合，是村寨中的娱乐和活动中心。由于最近十年来，三江侗族自治县把每个村寨的戏台的建设作为村民文化建设的重点，大部分戏台都是最近十年内重新修建的。修建的经费部分由政府支持，部分由村民自筹。有些戏台在原址重建，有些戏台进行了移动，能够遵照原有建筑结构和材料进行重建的项目不多。华练戏台的始建年代为 1982 年，最初由吴承惠的父亲吴治堂建造。2017 年华练村戏台重建，由吴承惠负责建造，2017 年 8 月起建，2017 年 10 月竣工，本次重建按照原来

的建筑结构建造，保持干栏式建筑的特色，材料全部使用新的，是侗族木构建筑营造技艺传承的一个较好案例（图 2-2-10）。大部分戏台重建未能按照原有建筑结构设计。一些干栏式戏台被改为砖石水泥的基础，再在上面建造木结构戏台。这种做法十分普遍，几乎绝大部村寨的戏台都是这样改造的，未能突出侗族木构建筑的风貌和特色，强调了实用功能但削弱了木构建筑造型的艺术性（图 2-2-11）。

戏台是反映乡村文化生活的十分有代

图 2-2-11　在砖石水泥的基础上面建造
木结构戏台（琴瑟戏台）

表性的建筑。大部分村寨在过去十年都得到了地方政府经济上的支持，能够按照传统方式建造戏台，在规模和造型上有所突破。例如，林溪镇高友村戏台等，是侗族木构建筑营造技艺在乡村的自然延续（图2-2-12~图2-2-13）。

图 2-2-12　林溪镇高友村戏台

图 2-2-13　独峒镇平流戏台

（四）寨门建筑保护状况

寨门建筑也是大部分村寨中的公共性建筑。村寨一般以寨门为界，跨入寨门即进入村寨。传统的寨门都不大，很少有门屋，多为通透的牌楼式建筑。突出的屋顶造型装饰，是寨门建筑的美丽所在。本次普查登记了12座寨门，如独峒镇八协寨门、八江镇马胖寨门（图2-2-14）等。

由于乡村的不断发展，村寨的规模的扩展往往会超过原有寨门的界限，很多村寨在过去十年重建了寨门。重建的寨门的功能主要是突出村寨的自身形象，作为村寨的识别标志，不再具有古代的防御功能，因此出现了一味追求高大宏伟的倾向，如林溪镇高秀村寨门（图2-2-15）。比较有特色的寨门有独峒镇高定村寨门，寨门跨过城墙而建，高大宏伟。

（五）民居建筑保护状况

传统侗族民居为干栏式三层半木构建筑，最常见的是第一层为通透式干栏，用于存放农具等，第二层和第三层住人，顶层（半层）堆放杂物。民居建筑多为三开间，较大的民居有五开间。调查发现，林溪镇、独峒镇、八江镇保留了较多50年以上的民居建筑，有些依然在使用，有些处于荒废状态，用于堆放杂物。100年以上的民居建筑也有不少，但由于没有文献和碑刻考证，多是村民自己讲述，没有准确的依据，很多村民的讲述都有夸大的成分，他们自己也搞不清建筑的真实历史。由于侗族民居建筑在规模和工艺上较为平实，民居建筑之间的规模、层次、工艺相差无几，目前还没有一座民居建筑被列为文物建筑，也就没有获得保护的可能，从

图 2-2-14　八江镇马胖寨门

图 2-2-15　林溪镇高秀村寨门

而处于自我发展的状态。

　　虽然侗寨民居建筑没有被列为文物建筑，但由于近年来政府对建设美丽乡村和保护传统村落的需要，当地政府对部分村落进行了保护性修缮。如林溪镇的高友村，政府于2014年对全村民居建筑统一进行了修缮，对每一户建筑屋顶和外墙进行了传统方式的维修，使得整个村寨形成一个较为统一和朴素的面貌（图2-2-16~图2-2-18）。获得整体性保护的还有高定村。但大多数侗寨并没有得到这样的保护和维修。

图2-2-16　高友村百年老宅

图2-2-17　高友村民居

图 2-2-18 高友村全景图

民居建筑保护与发展是一个现实难题，很多侗寨村民新建的民居全部采用钢筋水泥的砖房建造形式，新的民居建筑改变了原有的传统村寨景象。如程阳八寨中的程阳大寨、平铺、昌吉等村寨，已经失去侗族传统村寨的景象（图2-2-19）。也有一些传统与现代相结合的建筑形式，值得鼓励和探讨：有一种类型是建筑第一层为钢筋水泥结构，第二层到第三层为传统木结构，在林溪镇很多村寨有这样的新建民居，从远处看新建筑与全木结构传统建筑外貌相同，近处看才能看到区别；另一种类型是全钢筋水泥新建的民居，但在砖房的基础上进行建筑顶部和立面的木构装饰改造，外加人字坡顶和瓦铺盖，以求外观上与传统建筑相协调，如独峒镇华练村吴承惠家，为六层建筑，顶部采用全木结构和人字坡瓦面屋顶，墙面有适当的纹样装饰。还有一些村寨因为处于旅游景区，相对普遍地应用了第二种形式，例如林溪镇冠洞村沿老公路两侧的民居建筑。

侗寨中新建民居建筑面临的更重要的问题是新建建筑楼层太高，破坏了传统村落中以公共性建筑为主体的秩序，如很多民居建筑靠近鼓楼，高度超过鼓楼，喧宾夺主，不仅破坏了传统村寨景观，也不符合消防安全要求（图2-2-20）。

图 2-2-19　程阳八寨全景图

图 2-2-20　福田鼓楼（民居建筑高度超过鼓楼）

三、 三江侗族自治县新建木构建筑发展和创新状况

本次调研中所指的新建木构建筑主要是 2000 年以后建造的木构建筑，从这一时期开始，由于国家经济发展速度加快，国力不断增强，加上房地产商业模式开始进入县域，公共性建筑建设的资金来源渠道走向多样化，人们对公共环境的要求不断提升，出现了很多大型新建木构建筑。这一时期是侗族木构建筑营造技艺在当代传承、发展和演变的重要历史阶段，对这些新建木构建筑的考察也是对非遗技艺传承与创新的研究。

新建木构建筑按照建筑功能划分有公共性建筑和民居建筑两大类。公共性建筑除了传统的鼓楼、风雨桥、戏台、寨门以外，新增了娱乐性公共建筑、商业性建筑、交通性公共建筑、景观性公共建筑等，扩展了侗族传统村寨公共性建筑的功能和样式。新建民居木构建筑基本上还是在乡村中，做法上延续了传统建筑结构和工艺，只是在内部功能设计和装饰上有所变化。

新建木构建筑公共性建筑有两类：一类是县城和大型开发项目地的建筑；一类是传统村寨的公共性建筑。第一类建筑是侗族木构建筑创新的主要案例，这类建筑突出了现代建筑的实用性，为满足公共场所人流量和规模的不断扩大，新建木构建筑在尺度和体量上空前扩大，出现了规模巨大的鼓楼、风雨桥、寨门等新建筑，这些新建筑也成了三江侗族自治县新的地标建筑和三江侗族自治县旅游推广的标志。例如：三江鼓楼（2002 年建造）、三江风雨桥（2009 年建造）、三江侗乡鸟巢、龙吉风雨桥（2015 年建造）等建筑。

三江鼓楼是目前全木结构鼓楼中体量最大、建筑部件最多、内部结构最复杂的鼓楼建筑。该建筑高 42.6 米，占地面积 600 平方米，落地柱子 60 根，柱子为三圈，改变了回字形两圈鼓楼柱子布局的特色，中心四柱柱子直径均超过 70 厘米，内部由楼梯盘旋而上，可以达到建筑顶部，而且内部空间巨大，外部共有 27 层重檐，逐层缩小，造型美观，是鼓楼建筑创新的经典。该建筑虽然是在 2006 年之前建造的，但在观念上和技术上均是最杰出的侗族建筑代表，由杨似玉等著名工匠建造，也是侗族木构建筑营造技艺在当代最精彩的演绎之作（图 2-3-1）。

三江风雨桥建筑是近十年来最有特色的大型风雨桥，是现代车辆交通需求与传统木构建筑相结合的成功案例，支撑为现代钢筋混凝土拱桥，桥面建筑全部采用木结构，外形由 7 座大型桥亭加上桥两侧走廊组合而成，中心桥亭和两侧桥亭造型有

图 2-3-1　三江鼓楼

所变化，集合了六角攒尖、八角攒尖、重檐歇山等屋顶的样式，桥全长 368 米，宽 16 米，最高的桥亭有 18 米高。其创新和技术难度体现在桥亭横梁跨度的突破。要撑起一个巨大的屋顶，必须有大跨度的横梁，这一组桥亭在建造中大量采用了双横梁的做法，以解决大跨度和重力承受的问题。参加该项目建设的工匠有杨似玉、吴承惠、杨念陆、杨玉吉、吴大明等 7 个掌墨师，其中有国家级非遗代表性传承人，以及自治区级和县级代表性传承人，每个掌墨师主持一座桥亭的建造，2010 年 12 月竣工。该项目是近十年来最能体现侗族木构建筑营造技艺的当代水平的项目（图 2-3-2）。

同样在三江侗族自治县，还有一座风雨桥建筑也是按照这样的组织方式建造

图 2-3-2　三江风雨桥

的，即在 2015 年 12 月 26 日竣工的三江侗族自治县龙吉风雨桥。该桥的创新点在于 5 个桥亭采用了钢结构与传统木构建筑营造相结合的方式，解决了桥亭体量过大的承受力问题，在钢结构基础上采用传统方法建造大屋顶，桥亭木构部分分别由杨求诗、吴承惠等三江掌墨师和来自湖南、贵州的侗族掌墨师承建。龙吉风雨桥是湘黔桂三省（自治区）优秀木工合作的杰作（图 2-3-3~ 图 2-3-5）。

另一个案例是侗乡鸟巢大型建筑，它是一个娱乐性公共建筑，配合 2008 年北京奥运会主场馆"鸟巢"，完成于 2010 年。该建筑以钢筋水泥为基础，是主体全

图 2-3-3　三江侗族自治县龙吉风雨桥

图 2-3-4　三江侗族自治县龙吉风雨桥踩桥仪式（摄影：刘山）

图 2-3-5 三江侗族自治县龙吉风雨桥踩桥
仪式——踩侗布（摄影：刘山）

部采用木结构建造的圆形建筑，直径 88 米，高 29 米，占地面积 5000 平方米，使用木材达 2000 立方米（图 2-3-6）。整个建筑不仅体量巨大，部件繁多，还将三江侗族农民画用于内部装饰，其中核心装饰画长 250 米，高 2.7 米。该建筑也因此获得了"大世界吉尼斯之最——最大主体木结构侗族特色场馆"证书。

乡村公共性建筑中也有不少创新。例如：2014 年程阳八寨中新建的平寨独柱鼓楼就是一个创新案例，其掌墨师是国家级代表性传承人杨求诗。该鼓楼的内部结构不同于以往鼓楼的结构，大胆地采用了中心柱的设计方法，这是对最古老的中心柱结构鼓楼的学习与创新。之前能看到的中心柱式鼓楼主要是贵州述洞独柱鼓楼和三江侗族自治县高定村的独柱鼓楼，因为结构原因，体量都不大。杨求诗潜心钻研了古代的做法后自行设计了这个大型的独柱鼓楼，其高度达到 26 米，面积 169 平方米，外观为四边形 17 层重檐，双屋顶，富有气势，又十分精美（图 2-3-7）。

图 2-3-6 侗乡鸟巢内部结构图

图 2-3-7　平寨独柱鼓楼

　　也有一些乡村对传统公共性建筑进行了功能上的创新。例如：林溪镇新寨综合楼，在原有的鼓楼和风雨桥建筑之间的鼓楼坪建造（图 2-3-8）。综合楼是侗寨中出现的一种新的公共性建筑，是传统的鼓楼、戏台和休闲长廊的整合。该建筑平面呈长方形，中心部分为重檐鼓楼造型，是"9+1"重檐四角攒尖构造，两侧为长廊。这是一种创新建筑，创新的根源在于实用功能的整合，鼓楼和戏台的仪式性功能已经消失，这有可能是今后侗寨公共性建筑发展的一种趋势。

图 2-3-8　林溪镇新寨综合楼

另外，在已有的公共性建筑旁边增加木构附属建筑也是一种现象。人们一般在已有的现代建筑周边增加木构建筑或者装饰木构部分，以营造侗族木构建筑的环境和文化。例如：2017年8月，由县级非遗代表性传承人杨林生主持建造的三江侗族自治县云顶酒店商业广场寨门和长廊，这一组附属建筑将原有的商业区改造成为新的地标（图2-3-9）。

这些新木构建筑的建造对弘扬侗族木构建筑文化、传承技艺有重要作用和意义，也是对侗族木构建筑在当代的创新的有益探索。

图2-3-9　杨林生掌墨建造的三江侗族自治县云顶酒店商业广场寨门

第三章 三江侗族自治县侗族木构建筑工匠基本状况

根据 2011 年的调查，三江侗族自治县全县具备侗族木构建筑营造技艺木匠师资格的有 1266 人，其中 60 岁以上的占总人数的 51.3%。经过这几年的发展，目前该县木构建筑行业从业人数已经超过这一规模，通过对侗族村寨的访谈和对侗族地区几家从事木构建筑营造的企业的访谈调查得知，三江侗族自治县全县目前从事侗族木构建筑营造的木工约为 1800 人，平均年龄在 40 岁以上，其中 300 多人具有掌墨师资格。从事侗族木构建筑工作的工人受教育程度低，基本上是初中文化水平，其所具备的营造技艺来源于所在村寨

师傅的教育。一些发展较好的工匠按照侗族习俗经过拜师学艺的正式过程，跟随师傅一边参加工程项目的建设一边学习，发展到一定水平以后具备掌墨师资格。具备掌墨师资格的工匠可以独立承接一个小型或者大型侗族木构建筑项目的设计和组织施工，并且可以按照传统民俗主持建筑营造过程中的仪式，成为师傅以后，可以招收徒弟，传承传统技艺。林溪镇、独峒镇和八江镇等乡镇是侗族木工集中的区域，平均每个村屯有一两个掌墨师。而林溪镇程阳八寨的木工数量相比其他村寨更为突出。

一、三江侗族自治县侗族木构建筑营造技艺代表性传承人现状

从 2006 年开始，非遗项目的代表性传承人体系逐步建立，构建了国家级、省（自治区）级、市级和县级的四级代表性传承人体系。三江侗族自治县目前具有县级以上代表性传承人 34 人，其中国家级 2 人、自治区级 3 人、市级 11 人、县级 18 人。按照民族分布看，有侗族 33 人、苗族 1 人。按照传承人的地理分布看，林溪镇 17 人、独峒镇 3 人、洋溪乡 4 人、八江镇 4 人、良口乡 2 人、富禄苗族乡 1 人、老堡乡 1 人、古宜镇 1 人、同乐苗族乡 1 人，林溪镇所占比重很大，达到 50%。按照年龄分布看，20 世纪 40 年代

出生的 3 人、50 年代出生的 6 人、60 年代出生的 16 人、70 年代出生的 6 人、80 年代出生的 3 人，其中 60 年代出生的传承人约占总数的 47%，传承人的平均年龄是 59 岁。传承人的受教育程度不高，其中大专学历 2 人、高中学历 5 人、初中学历 21 人、小学学历 6 人，初中学历是传承人群体中较为普遍的受教育层次（见表 3.1）。

（一）国家级代表性传承人

（1）杨似玉

杨似玉（1955 年生），侗族，林溪镇

表 3.1 三江侗族自治县侗族木构建筑营造技艺各级代表性传承人名单
（截至 2019 年 4 月）

序号	姓名	性别	民族	文化程度	居住地址	级别	批次	荣获年份
1	杨似玉	男	侗	小学	林溪镇平岩村	国家级	第一批	2007 年 6 月
2	杨求诗	男	侗	初中	林溪镇平岩村	国家级	第五批	2018 年 5 月
3	杨梅松	男	侗	小学	林溪镇程阳村	自治区级	第二批	2009 年 5 月
4	杨玉吉	男	侗	初中	林溪镇平岩村	自治区级	第四批	2015 年 12 月
5	吴承惠	男	侗	初中	独峒镇平流村	自治区级	第五批	2017 年 9 月
6	覃宏芳	男	侗	高中	富禄苗族乡富禄村	市级	第三批	2016 年 12 月
7	杨华富	男	侗	小学	林溪镇冠洞村	市级	第一批	2012 年 3 月
8	吴大明	男	侗	初中	古宜镇福桥西路	市级	第三批	2016 年 12 月
9	杨林生	男	侗	初中	林溪镇程阳村	市级	第三批	2016 年 12 月
10	杨能辉	男	侗	高中	林溪镇平岩村	市级	第三批	2016 年 12 月
11	杨全会	男	侗	初中	林溪镇枫木村	市级	第三批	2016 年 12 月
12	杨庆华	男	侗	初中	良口乡产口村	市级	第三批	2016 年 12 月
13	杨涛	男	侗	初中	林溪镇平岩村	市级	第四批	2019 年 4 月
14	杨云青	男	侗	初中	林溪镇平岩村	市级	第四批	2019 年 4 月
15	肖建雄	男	侗	初中	洋溪乡信洞村	市级	第四批	2019 年 4 月
16	龙令鹏	男	侗	大专	八江镇塘水村	市级	第四批	2019 年 4 月
17	韦定锦	男	侗	高中	独峒镇林略村	县级	第四批	2019 年 2 月
18	杨永春	男	侗	初中	林溪镇平岩村	县级	第二批	2015 年 11 月
19	石善章	男	侗	小学	同乐苗族乡高培村	县级	第四批	2019 年 2 月
20	杨发贵	男	侗	小学	老堡乡白文村	县级	第一批	2013 年 9 月
21	杨恒金	男	侗	小学	林溪镇程阳村	县级	第二批	2015 年 11 月

续表

序号	姓名	性别	民族	文化程度	居住地址	级别	批次	荣获年份
22	莫献军	男	侗	高中	八江镇归令村	县级	第四批	2019 年 2 月
23	伍甫树宝	男	侗	初中	洋溪乡良培村	县级	第二批	2015 年 11 月
24	吴国清	男	侗	高中	林溪镇弄团村	县级	第一批	2013 年 9 月
25	杨光胜	男	侗	初中	林溪镇合华村	县级	第四批	2019 年 2 月
26	杨孝军	男	侗	初中	林溪镇平岩村	县级	第一批	2013 年 9 月
27	吴云彰	男	侗	初中	林溪镇弄团村	县级	第四批	2019 年 2 月
28	杨光明	男	侗	初中	洋溪乡信洞村	县级	第二批	2015 年 11 月
29	张直	男	苗	初中	良口乡滚良村	县级	第四批	2019 年 2 月
30	杨福玉	男	侗	初中	林溪镇程阳村	县级	第四批	2019 年 2 月
31	石玉作	男	侗	初中	独峒镇具盘村	县级	第二批	2015 年 11 月
32	莫再端	男	侗	初中	八江镇八江粮所	县级	第四批	2019 年 2 月
33	莫军团	男	侗	初中	八江镇塘水村	县级	第四批	2019 年 2 月
34	杨勇现	男	侗	大专	洋溪乡信洞村	县级	第四批	2019 年 2 月

平岩村人。杨似玉是侗族木构建筑营造技艺最有代表性的传承人，他是最早获得政府批准的代表性传承人，第一批国家级非遗代表性传承人。从他的身上可以看到我国在非遗保护方面所走过的历程。杨似玉出生在侗族工匠世家，其父亲杨善仁和兄弟杨玉吉等都是著名的木工师傅，他们的后代也大多从事木构建筑营造，是典型的家族式传承。著名的程阳永济桥是他爷爷杨唐富作为主要发起人组织建造的。在1984 年程阳永济桥大修工程中，父亲杨善仁和杨似玉是主要的参与人员。由此，杨似玉家族与程阳永济桥成为人们关注的焦点，他和他的家人在业界知名度也不断提高，成为三江侗族自治县最有影响力的工匠和家族。杨似玉近十年来接受过大量的媒体采访，并在很多学术论文和专著中出现，具有较高的声望，同时，他还获得了国家级工艺美术大师、广西工匠等重要的荣誉和称号。他在过去十年的时间里

几乎成为三江侗族木构建筑营造技艺的代言人和文化符号（图 3-1-1~ 图 3-1-2）。

杨似玉二十年来主持和参与的代表性木构建筑项目有：

1997 年设计制作《同心桥》模型，作为广西赠送给香港回归的珍贵礼品；1998—2000 年掌墨建造桂林乐满地风雨桥、鼓楼、凉亭建筑；2002 年掌墨建造三江鼓楼；2003 年掌墨建造恭城莲花乡风雨桥；2005—2009 年掌墨建造南宁荔园山庄、柳州市博物馆、南宁虎丘建材市场以及广东等地风雨桥、鼓楼、木楼、凉亭、戏台；2010 年掌墨建造三江风雨桥其中一个桥亭；2011 年掌墨建造龙胜风雨桥。

图 3-1-1　国家级代表性传承人杨似玉

图 3-1-2　杨似玉主持寨门上梁仪式

杨似玉个人荣誉：

1997年，杨似玉参加热烈庆祝香港回归祖国、广西赠送香港特别行政区礼品——《同心桥》的设计制作；同年10月1日，中共广西壮族自治区委员会办公厅、广西壮族自治区人民政府办公厅为杨似玉颁发荣誉证书。

2002年，杨似玉参加广西三江侗族自治县成立五十周年庆典标志性建筑——三江鼓楼的设计和建设；同年12月8日，广西三江侗族自治县人民政府为杨似玉颁发荣誉证书。

2004年12月1日，中共三江侗族自治县精神文明建设委员会授予杨似玉"三江侗族自治县首届'十佳'民间艺人"称号。

2007年6月，文化部认定杨似玉为国家级非物质文化遗产项目侗族木构建筑营造技艺的代表性传承人。

2008年5月，广西壮族自治区文化厅认定杨似玉为自治区级非物质文化遗产项目（侗族木构建筑营造技艺）代表性传承人。

2009年2月9日至2月23日，杨似玉为北京"中国非物质文化遗产传统技艺大展系列活动"做出了突出贡献，文化部为其颁发荣誉证书；同年6月，文化部授予杨似玉"全国非物质文化遗产保护先进工作者"称号。

2010年，杨似玉参加三江风雨桥建设并任掌墨师之一；同年12月30日，三江

侗族自治县人民政府为其颁发荣誉证书。

2013年6月6日，中国非物质文化遗产保护中心授予杨似玉第二届中华非物质文化遗产传承人薪传奖；2013年，杨似玉在文物保护事业中取得突出成绩，被授予第六届薪火相传中国文化遗产保护年度贡献奖，同年7月，中国文物保护基金会为其颁发荣誉证书。

2016年11月25日，中共柳州市委宣传部、柳州市总工会、柳州市工业和信息化委员会、柳州市人力资源和社会保障局授予杨似玉"柳州工匠"荣誉称号；2016年12月19日，杨似玉获得首批"广西工匠"称号。

2017年11月，杨似玉入选由北京非物质文化遗产发展基金会主办、中国工艺美术协会承办的首批"大国非遗工匠"认定名单，广西只有三位非遗传承人获此殊荣。

2008年7月14日，在柳州市文化局的帮助下，在代表性传承人杨似玉的家乡三江侗族自治县林溪镇平岩村，将杨似玉本人的住宅被改建为"柳州市非物质文化遗产传承展示中心"。建筑为两层木楼，总面积300多平方米，展出数十幅展板，150多件实物，不仅展示有侗族木构建筑营造技艺项目，还有侗族服饰等其他传统技艺项目。这是广西第一家非物质文化遗产传承中心，基于文化保护地和传承人的生活地点开展保护和传播，为后来的非物质文化遗产传统技艺的保护、宣传和研究提供了一个很好的模式。同年，柳州市文

图 3-1-3　柳州市非物质文化遗产传承展示中心（位于杨似玉家）

化局在程阳八寨的平岩村综合文化室设立了传承点。2015 年，柳州市非物质文化遗产传承展示中心重新进行了装修，在空间大小不变的情况下，进行了改造。改造后的传承中心更有利于文化的传播和游客参观（图 3-1-3）。2017 年至 2018 年，杨似玉的家进行扩建，展示中心非常规开放。

（2）杨求诗

杨求诗（1963 年生），侗族，林溪镇平岩村人。杨求诗于 2009 年 6 月被列入侗族木构建筑营技艺自治区级代表性传承人名单，2018 年 5 月成为国家级非遗代表性传承人。杨求诗是该项目的第二位国家级代表性传承人。杨求诗于 1971—1975 年在三江侗族自治县林溪镇平岩村就读小学，1976—1977 年在林溪镇平岩村就读初中。杨求诗从小沉迷于木匠工艺，14 岁辍学回家后，自学安装家中的门板。他叔叔杨明安是木匠师傅，见他好学，便带他学艺，常带他出门做各种木工。1988 年杨求诗正式拜杨明安为师傅，由于勤奋好学，悟性高，手艺日精，深得祖传技艺。1990 年杨求诗正式出师，很快成为当地有名的木匠师傅（图 3-1-4~ 图 3-1-5）。经过多年来实践经验的积累，杨求诗的木

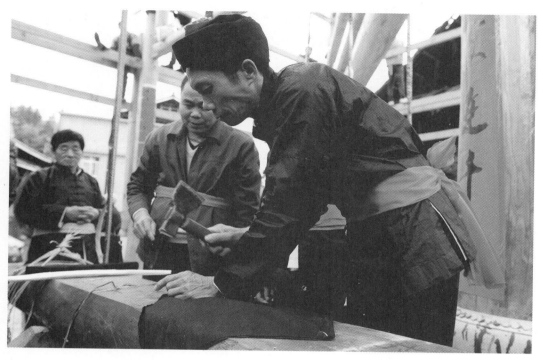

图 3-1-4　杨求诗主持平寨独柱鼓楼上梁仪式

图 3-1-5　杨求诗制作竹签

构建筑营造技艺日益精湛。他是侗族地区公认技术高超的木匠，名气日益渐增，市外乃至自治区外的民族度假村都邀请他担任掌墨师，承建木构建筑工程。1996 年在武汉市江夏区中华民族文化村首次掌墨、设计、建造木质结构吊脚楼、长廊、凉亭等。至今杨求诗在全国各地已设计和掌墨建造有 16 座鼓楼、5 座风雨桥以及大量侗族民居、长廊、凉亭等，与其他木构建筑师傅共同掌墨、合作完成的木构建筑有 200 余座。

杨求诗主持和参与的代表性木构建筑项目有：

1996 年掌墨建造武汉市江夏区中华民族文化村木质结构吊脚楼、长廊、凉亭等；2005 年掌墨建造三江侗族自治县林溪镇平寨鼓楼；2006 年掌墨建造三江侗族自治县林溪镇皇朝鼓楼；2006 年掌墨建造三江侗族自治县林溪镇平岩村岩寨鼓楼；2007 年掌墨建造三江侗族自治县独峒镇独峒鼓楼；2007 年掌墨建造三江侗族自治县林溪镇林溪村岩寨鼓楼；2008 年掌墨建造三江侗族自治县八江镇归洞村布央风雨桥及寨门；2009 年掌墨建造三江侗族自治县林溪镇高友村文化综合楼；2009 年掌墨建造南宁市马山县灵阳寺长廊；2010 年掌墨建造三江侗族自治县古宜镇河东桥头侗族木构凉亭；2011 年掌墨建造重庆南川古韵度假村；2011 年掌墨建造南宁市江南水街鼓楼；2013 年掌墨建造桂林市龙胜各族自治县和平鼓楼；2014 年掌墨建造三江侗族自治县良口乡产口鼓楼、林溪镇平寨鼓楼；2015 年掌墨建造三江侗族自治县良口乡仁塘戏楼；2015 年掌墨建造三江侗族自治县城至三江南高铁站的龙吉大桥木构建筑部分，在家乡为村民建造民居几百座；2017 年掌墨建造南宁邕武路广西富凤集团富凤民族团结同心桥；2018 年掌墨建造南宁邕武路广西富凤集团景观台。

（二）自治区级代表性传承人

（1）杨梅松

杨梅松（1948 年生），侗族，林溪镇程阳村人。杨梅松于 2009 年 5 月被列入广西第二批自治区级代表性传承人名单（图 3-1-6）。杨梅松 1964 年开始接触木构技艺，将自家木房（1975 年在火灾中被烧毁）反复拆装，1966 年跟随师公杨通贤、杨通敏开始了长达十年的木房构建学习生涯，1979 年杨梅松首次独立掌墨构建

图 3-1-6 自治区级代表性传承人杨梅松

自家现住木房。

杨梅松主持和参与的代表性木构建筑项目有：

2000 年掌墨建造桂林兴安乐满地戏台；2002 年掌墨建造玉林陆川大金业饭店内吊脚楼、四角亭、30 米长廊各 1 座；2005 年掌墨建造程阳有机茶叶有限公司承建大门及五角亭（现程阳八寨北服务区）；2007 年掌墨建造南宁南湖公园 50 米长廊；2008 年掌墨建造南宁人民公园 15 米、25 米长廊各 1 座，小亭子 3 座；2009 年掌墨建造南京国际绿化博览园风雨桥、六角亭各 1 座；2010 年掌墨建造南宁博物馆酒楼 2 座；2010 年掌墨建造马山灵阳寺 400 米长廊；2013 年掌墨建造南宁学院风雨桥；2015 年掌墨建造湖南城步苗族自治县蒋坊乡寨门；2015 年掌墨建造都安县地苏乡风雨桥。

（2）杨玉吉

杨玉吉（1963 年生），侗族，三江侗族自治县林溪镇平岩村人。杨玉吉于 2015 年 12 月被列入广西第四批自治区级代表性传承人名单。杨玉吉出生在侗族木工世家，其爷爷杨唐富是主持建造程阳永济桥的首士，其四哥杨似玉是侗族木构建筑营造技艺国家级非遗代表性传承人，他初中毕业后跟随父亲学习，深得祖传技艺，并从前辈师傅那里继承了墨师文，和四哥杨似玉分别在南宁、宁明、凭祥、上海、桂林等地兴建民族村寨吊脚楼、鼓楼、风雨桥、戏台、阁楼（图 3-1-7~图

图 3-1-7　杨玉吉在施工现场

3-1-8）。

杨玉吉主持和参与的代表性木构建筑项目有：

1985 年参与修复全国重点文物保护单位程阳永济桥；1989 年在宁明县花山掌墨建造吊脚楼、风雨亭；1992 年参加凭祥市友谊关维修；1996 年在上海、无锡太湖中华民族风情园掌墨建造风雨桥、鼓楼、楼阁等；1997 年在广西壮族自治区博物馆文物苑掌墨建造风雨桥、鼓楼、寨门、苗侗壮木楼；1997 年，参加设计、制作《同心桥》，作为广西赠送香港特别行政区回归祖国的礼品；1998—2000 年掌墨建造桂林乐满地风雨桥和木构建筑群；2000—2001 年在柳州市雀山公园掌墨建造戏台、阁楼、六角亭；2002 年参与设计、建造三江鼓楼，担任掌墨师之一；2003 年在柳州

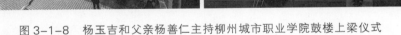

图3-1-8　杨玉吉和父亲杨善仁主持柳州城市职业学院鼓楼上梁仪式

龙潭公园掌墨建造旅客中心楼、刘三姐故居楼；2004年掌墨建造南宁青秀山荔园山庄风雨桥；2005年掌墨建造沈阳世博会吊脚楼、六角亭；2006年掌墨建造柳州市博物馆内侗族风雨桥及吊脚楼；2007—2009年在重庆南川掌墨建造风雨桥；2010年掌墨建造三江风雨桥第三桥亭；2011—2012年掌墨建造湖南城步、绥宁和广西宜州等地风雨桥；2013—2014年在湖南城步两江和广西桂林龙胜掌墨建造风雨桥和县域寨门；2015年6月掌墨建造三江龙吉风雨桥其中一个桥亭；2016年掌墨建造湖南靖州鼓楼；2017年掌墨建造百色市百干风雨桥；

2018年参与建造百色市凌云县浩坤湖风雨桥；2019年掌墨建造八江镇三团村鼓楼。

（3）吴承惠

吴承惠（1969年生），侗族，独峒镇平流村人。吴承惠于2017年9月被列入广西第五批自治区级代表性传承人名单。吴承惠从小跟随父亲吴治堂学习木工，18岁开始自己做木楼，22岁能独立主持仪式，成为掌墨师。吴承惠出生于侗族木工世家，其外公王庆光是1951年主持重修平流赐福桥的掌墨师。吴承惠深得祖传技艺，并从前辈师傅那里继承了传统木构建筑营造技艺，成为侗族木结构建筑

图 3-1-9　吴承惠在施工现场

方面的大师（图 3-1-9）。吴承惠是在石含章所在的苗江河流域掌墨师传承谱系中比较有名的后世工匠，继承与延续了石含章所在的这一支传承谱系的工艺水平和风格。2008 年，吴承惠承担了重修华练鼓楼的工程；2013—2014 年吴承惠对华练培风桥进行了修复翻新（图 3-1-10）；2017 年下半年，吴承惠在不改变父亲吴治堂 20 世纪 80 年代建造的华练戏台基础上，重新建造了华练戏台。苗江河流域的侗族木构建筑营造技艺在他的手中得到传承。

吴承惠主持和参与的代表性木构建筑项目有：

图 3-1-10　吴承惠与他重修的华练培风桥

2006 年掌墨建造八江归座鼓楼；2006 年掌墨建造平流龙凤桥；2009 年掌墨建造三江侗族自治县政府寨门；2010 年掌墨建造三江风雨桥正中间六角亭；2011 年掌墨建造龙潭公园侗乡深处楼群；2011 年掌墨建造柳州园博园中的鼓楼；2013—2014 年维修华练培风桥；2015 年掌墨建造龙吉风雨桥其中的一个桥亭；2016 年 11 月掌墨建造三江福禄寿公园观景楼；2016 年 10 月掌墨建造独峒政府大门；2017 年重建华练戏台；2017 年 5 月掌墨建造柳州宝泉山庄长廊；2017 年 9 月掌墨建造八江镇汾水村八归屯综合楼；2017 年 12 月掌墨建造柳州市龙潭公园文化碑廊；2018 年 3 月掌墨建造百色市凌云县浩坤湖风雨桥；2018 年 7 月掌墨建造百色美丽右江民族长廊；2019 年 2 月掌墨建造三江鸟巢新斗牛场。

（三）市级代表性传承人

截至 2019 年 4 月，侗族木构建筑营造技艺的柳州市市级代表性传承人有 11 人。现就部分市级代表性传承人及其代表作品进行介绍。

（1）杨林生

杨林生（1966 年生），侗族，林溪镇程阳村人，于 2016 年 12 月被列入柳州市第三批市级代表性传承人名单。杨林生 1983 年初中毕业以后跟随父亲学习侗族木构工艺，在三江侗族自治县及周边地区建造鼓楼、桥梁、吊脚楼及凉亭等民族建筑。杨林生于 2002 年正式出师，成为掌墨师，并带领徒弟们在全国各地设计、建造鼓楼 38 座、风雨桥 4 座以及侗族吊脚楼、戏台、寨门、凉亭、长廊等共 121 处（图 3-1-11）。他的徒弟有杨安秀、杨金福、杨林述、杨林忠、陈显光等。

杨林生主持和参与的代表性木构建筑项目有：

2002 年掌墨建造广西玉林马坡农庄；2003 年参与建造广西壮族自治区博物馆、民族文物馆；2005 年掌墨建造辽宁沈阳园博园的南宁园；2008 年掌墨建造山东济南园博园的南宁园；2009 年掌墨建造南宁青秀山长廊；2010 年掌墨建造西安园博园的广西园；2010 年掌墨建造河南郑州绿博园的广西园、南宁园、桂林园；

图 3-1-11　杨林生和他掌墨建造的三江侗族自治县云顶酒店商业广场寨门

2011 年掌墨建造海口花卉大世界长廊及大门；2012 年掌墨建造程阳景区农丰鼓楼；2013 年掌墨建造上海白沙县民族农庄及大门；2015 年参与建造三江侗族自治县龙吉风雨桥。

杨林生个人荣誉有：

荣获 2016 年三江侗族自治县侗族木构建筑营造技艺模型工艺大赛二等奖；荣获 2016 年柳州市工艺美术作品展银奖。

（2）杨能辉

杨能辉（1967 年生），侗族，林溪镇平岩村人，于 2016 年 12 月被列入柳州市第三批市级代表性传承人名单。1981 年高中毕业后，杨能辉在家务农；1984—1992 年在本县林溪镇和梅林乡当了九年民办教师；1993 年至今师从杨氏家族木匠师傅学习木构建筑营造技艺。

杨能辉主持和参与的代表性木构建筑项目有：

2003 年参与建造程阳景区长廊和收费亭；2004—2005 年参与建造程阳景区大门和程阳山庄；2007—2011 年参与建造平坦风雨桥、高友戏台、马山县灵阳寺千米长廊、河东三元长廊、民族广场长廊、程阳山庄大门；2012 年 8 月参与建造广西民族大学相思风雨桥；2013—2014 年参与建造程阳景区平坦鼓楼；2015 年参与建造三江龙吉风雨桥。

（3）杨全会

杨全会（1976 年生），侗族，林溪镇枫木村人，于 2016 年 12 月被列入柳州市

图 3-1-12　市级代表性传承人杨全会

第三批市级代表性传承人名单（图 3-1-12）。1988 年初中毕业后，杨全会在家务农；1995 年师从杨氏家族木匠师傅学习木构建筑营造技艺；2003 年从事侗族木构工程建造和民间器乐、木雕根雕等工艺品；2004—2005 年在程阳景区建造程阳大门和程阳山庄。

杨全会主持和参与的代表性木构建筑项目有：

2007—2011 年掌墨建造高友戏台、马山县灵阳寺千米长廊、河东三元长廊；2012 年 8 月参与建造广西民族大学相思风雨桥；2013—2014 年参与建造程阳景区平坦鼓楼；2015 年参与建造三江龙吉风雨桥。

（4）肖建雄

肖建雄（1982 年生），侗族，洋溪乡信洞村人，于 2019 年 4 月被列入柳州市第四批市级代表性传承人名单。肖建雄师承其伯父肖甫交宜（已去世），后来又

图 3-1-13　肖建雄在施工现场

跟本村的陆师傅、隔村的龙师傅学习。肖建雄的祖辈都是村里的木匠。受祖辈的影响，他从小就喜爱传统木工，16岁开始跟随伯父、父亲正式学习传统木构建筑营造技艺，刨、钻、斧、锯、凿等传统木工工具他样样都会使用。26岁开始跟着父亲帮本村以及周边村屯、县乡内外的侗族农户做木构建筑，包括房子、戏台、鼓楼、寨门等（图 3-1-13）。由于勤奋学习加上对木构建筑的热爱，不到两年时间，肖建雄已经全部掌握了木构建筑营造技艺的核心技术。

肖建雄主持和参与的代表性木构建筑项目有：

2014年掌墨建造洋溪乡安马村奴图戏台；2015年掌墨建造洋溪乡安马村安马戏台；2017年主持建造洋溪乡安马村井板屯井板鼓楼；2018年掌墨建造倍洞休闲长廊；2018年掌墨建造洋溪乡红岩村小兵屯小兵长廊；2018年掌墨建造商文综合楼；2016—2019年在三江侗族自治县、融水县部分乡镇掌墨建造木楼共38座。

（5）龙令鹏

龙令鹏（1983年生），侗族，八江镇塘水村人，于2019年4月被列入柳州市第四批市级代表性传承人名单。龙令鹏自幼受祖辈影响酷爱木构建筑及木工行业。15岁读初中时，每遇寒、暑假就经常随父亲和爷爷在当地或外出做木工、当学徒、打下手以贴补家用。2007年大专毕业后，因就业困难且专业不对口，加之本人十分热衷木构建筑，就一直随父亲及周边众多木工师傅外出到各地，修造鼓楼、风雨桥、长廊、凉亭等木构建筑。在父亲和众多同行师傅的指导下，龙令鹏从基本的选材、木头修整、刨光、识墨、凿洞、开榫头等基本功学起，经过5年的不断学习及实践钻研，已完全掌握了侗族木构建筑的营造技艺（图 3-1-14）。同时，龙令鹏还将在校学到的有关知识、审美意识等充分有效地运用到侗族木构建筑的设计、计算和制作的过程中，使设计、建造出来的侗族木构建筑，结构更加严谨、受力更加科学合理、造型更加独特新颖。他还运用现代化的设计软件结合传统的侗族木结构尺寸标准，绘制施工图纸及进行尺寸计算，有效地解决了传统手绘图的误

图 3-1-14 龙令鹏在施工现场

差大、绘制图纸速度慢的问题。

龙令鹏主持和参与的代表性木构建筑项目有：

2013 年掌墨建造桂林市临桂县黄沙乡大门；2013 年掌墨建造三江侗族自治县八江镇白郎娘戏台；2013 年掌墨建造贵州省黔南州平塘县桃源景区木楼；2013 年掌墨建造三江侗族自治县同乐苗族乡高岜村戏台；2014 年掌墨建造三江侗族自治县同乐苗族乡归乐鼓楼；2014 年掌墨建造三江侗族自治县八江镇塘中戏台；2014 年掌墨建造柳州市华岚山休闲长廊；2014 年掌墨建造南宁市九曲湾美食长廊；2015 年掌墨建造桂林市金鸡岭驾校长廊；2016 年掌墨建造柳州市雒容镇聚友农庄木构建筑群；

2016 年掌墨建造三江侗族自治县富禄苗族乡纯德村大门；2016 年掌墨建造三江侗族自治县古宜镇大寨大门；2016 年掌墨建造三江侗族自治县八江镇马胖村独寨台；2016 年掌墨建造柳州市雒容镇石山木构建筑群；2017 年掌墨建造三江侗族自治县林溪镇吉昌屯大门；2017 年掌墨建造湖南省绥宁县大团侗寨大门；2017 年掌墨建造柳州市雒容镇博泰山庄木构建筑群；2017 年掌墨建造三江侗族自治县八江镇岩脚村高弄屯文化综合楼；2017 年掌墨建造三江侗族自治县八江镇归令村戏台；2018 年掌墨建造三江侗族自治县洋溪乡高露村文化综合楼；2018 年掌墨建造三江侗族自治县驾考中心大门；2018 年掌墨建造三江侗族自治县同乐苗族乡中学大门及长廊；2018 年掌墨建造融水县水东新区广场休闲长廊；2018 年掌墨建造来宾市马坪驾考中心木构建筑群；2018 年掌墨建造融水县培秀村民族化建筑装饰物；2018 年掌墨建造三江侗族自治县同乐苗族乡归夯新村寨门；2019 年掌墨建造三江侗族自治县驾考中心大门；2019 年掌墨建造三江侗族自治县同乐苗族乡上里苗寨大门；2019 年掌墨建造桂平江口镇莲塘村幼儿园读书长廊。

（6）杨涛

杨涛（1964 年生），侗族，林溪镇平岩村人，于 2019 年 4 月被列入市级代表性传承人名单。杨涛于 1977 年在林溪镇平岩村小学毕业，1980 年在林溪镇平岩村就读中学，1981 年在林溪镇平岩村平寨

图 3-1-15　杨涛在施工现场

生产队任会计，1985 年开始从事木构建筑工作。他自小在父亲杨天林身边耳濡目染，颇得真传。在其父带领下学习、实践木构建筑技艺，熟练掌握了木构建筑技艺使用技巧（图 3-1-15）。一直以来，承担了民间多个大小木构建筑工程，并培养出了一帮学徒。多年来，他带领徒弟们在全国各地建设侗族鼓楼、风雨桥、吊脚楼等几百个木构建筑工程，为传承和发扬侗族木构建筑技艺做出了贡献。

杨涛主持和参与的代表性木构建筑项目有：

2000 年掌墨建造白海银滩风雨桥；2004 年掌墨建造融水县白云乡元江村大门；2005 年掌墨建造程阳山庄接待中心；2006 年掌墨建造融水县滚贝乡吉羊村农家小舍；2007 年掌墨建造蓬叶风雨桥；2008

年掌墨建造洋溪乡高路风雨桥；2009 年参与建造济南园博园南宁展园风雨楼；2009 年掌墨建造融水县苗楼王；2010 年掌墨建造柳州太阳村长廊；2011 年掌墨建造斗江镇白言戏台；2012 年参与建造广西民族大学相思风雨桥；2013 年掌墨建造巴马县长寿乡蓝家大门。

（7）杨云青

杨云青（1972 年生），侗族，林溪镇平岩村人，于 2015 年被列入县级第二批侗族木构建筑营造技艺代表性继承人名单，2019 年 4 月被列入柳州市第四批市级代表性传承人名单。杨云青于 1979 年 9 月在平岩村小学就读，至 1984 年 6 月毕业。1984 年 9 月升入林溪中学，至 1987 年 6 月初中毕业。初中毕业之后，便开始在家做起了家具。后拜杨求诗为师。他在师傅的带领下学习，熟练掌握了木构建筑技艺的使用技巧。出师以来，杨云青承担了民间多个大小木构建筑工程，培养出了一帮学徒，并带领徒弟们在全国各地建设侗族鼓楼、风雨桥、吊脚楼等几百个木构建筑工程。他在材料的合理选用、结构方式的确定、模数尺寸的权衡与计算、构件的加工与制作、节点及细部处理和施工安装等方面都有独特与系统的方法或技艺（图 3-1-16）。

杨云青主持和参与的代表性木构建筑项目有：

2005 年参与建造程阳景区岩寨鼓楼；2007 年参与建造三江侗族自治县独峒

图 3-1-16　杨云青在施工现场

鼓楼；2008 年参与建造八江布央大门、风雨桥；2009 年参与建造济南园博园南宁展园风雨楼；2009 年参与建造广西南宁青秀山长廊；2010 年掌墨建造湖南城步苗族自治县五团村五团风雨桥；2011 年掌墨建造桂林神龙谷景区吊脚楼；2012 年参与建造程阳景区岩寨戏台；2012 年掌墨建造湖南城步苗族自治县白水村白水风雨桥；2013 年掌墨建造湖南城步苗族自治县双井村双井风雨桥；2013 年掌墨建造桂林阳朔大门；2015 年掌墨建造三江侗族自治县良口乡产口村鼓楼。

（四）县级代表性传承人（部分）

截至 2019 年 4 月，三江侗族自治县县级代表性传承人有 34 人（包括已经入选县级以上代表性传承人）。现就部分县级代表性传承人及其代表作品进行介绍。

（1）吴云彰

吴云彰（1965 年生），侗族，林溪镇弄团村人，于 2019 年 2 月被认定为县级第四批代表性传承人。吴云彰于 1986—1988 年自学木工，1996 年师从吴祥勋后熟练掌握了各种侗族木构建筑（吊脚楼、鼓楼、风雨桥、寨门、休闲长廊等）营造技艺（图 3-1-17）。吴云彰对木构建筑的各种跨度和不同的木质所用担、挑、顶、吊等技巧和方法有独到的见解，以保证木构建筑的平衡与抗弯。他能够自己进行设计、预算及手工绘图，有优化相关设计图纸的能力，并且能够根据图纸或图片制作出精美的结构模型或工艺模型。1999 年吴云彰受县文化局和博物馆领导委托，走遍县内，将国家级、自治区级木构建筑文物保护单位的相关数据、结构及外

图 3-1-17　吴云彰在施工现场

观，按比例制作成模型，这些模型包含十桥八楼（程阳永济桥、合龙桥、普修桥、岜团桥、八协桥、平流桥、华练培风桥、八江桥、人和桥、八斗桥、马胖鼓楼、高定独柱鼓楼、马安鼓楼、平寨鼓楼、冠小鼓楼、平铺下寨鼓楼、亮寨鼓楼和弄团鼓楼），被博物馆收藏和展出。

吴云彰主持和参与的代表性木构建筑项目有：

2003年9月在湖南新晃侗族自治县铁索桥建设中，从事两座桥头堡（木构建筑）的技术和掌墨施工工作；2004—2006年在鹤山市鸿运房产的旅游区建设中从事木构建筑的设计、管理和掌墨施工工作；2006—2007年初掌墨建造了南丹县南方集团冶炼厂的六角楼；2007—2008年在鹿寨县雒容镇盘古山庄建设中，从事全部木构建筑的设计、管理和掌墨施工工作；2009—2012年在三江侗族自治县月亮街建设中，从事木楼和外墙的掌墨施工，制作木楼11栋；2009年8月在月亮街掌墨建造侗民族历史文化碑廊的木建长廊；2010年掌墨建造三江风雨桥其中的第五廊和第六亭；2010年掌墨建造柳城县刘三姐影视城的木构建筑；2011年2月至5月掌墨建造同乐苗族乡高旁鼓楼；2011年10月至12月掌墨建造三江侗族自治县林业局大门和六角亭；2012年掌墨建造三江风雨桥其中一个桥亭；2013年掌墨建造柳城县日田丝绸厂的文化长廊、古砦乡旅游文化长廊以及三江侗族自治县林业局大门

和六角亭；2015—2016年对柳城红枫林景区的所有木构建筑、宜州歌仙桥景区的木构建筑进行了设计、预算、施工以及在湖南周边建设戏台、吊脚楼等；2016年掌墨建造林溪新寨鼓楼；2017年在湖南承建多个木构建筑（靖州大堡子鼓楼和多个文化长廊及亭子）。

（2）杨恒金

杨恒金（1953年生），侗族，林溪镇程阳村程阳屯人，于2015年11月被列入县级第二批代表性传承人（图3-1-18）。杨恒金1980年拜杨天林为师，以大徒弟的身份学习木构技艺。曾随杨天林师傅掌墨领队参与程阳风雨桥重建和广西壮族自治区博物馆民族园风雨桥、鼓

图3-1-19　县级代表性传承人杨恒金

楼、吊脚楼等的建造，在程阳风景区内的程阳八寨新建吊脚木楼主体框架结构上百座；他承建过鼓楼、风雨桥、廊亭、寨门等各类木构建筑，并参与过多项大型木构建筑建设。杨恒金是首届中华木作大师评选获得者，2016年中华文化人物提名嘉宾。

杨恒金主持和参与的代表性木构建筑项目有：

2002—2003年参与建设世界著名的桂林阳朔印象刘三姐剧场的风雨桥、鼓楼、长廊、门厅、民族厅、吊脚楼、看台、竹楼、竹制门楼等；2004—2005年参与建造桂林恭城县莲花镇横山戏台和十里桃源的多座观景亭；2005—2006年参与建造柳城县西安乡梳妆岭仙女洗脚堂福寿山庄；2006年作为掌墨师重建东寨的鼓楼；2006年参与建造丹洲古城东城门楼；2007年参与建造百色平果县那马水库的风雨桥、观景亭、九曲桥、长廊等；2008年参与建造三江侗族自治县程阳风景区大门；2010年掌墨三江风雨桥其中一个桥亭；2012年参与建造龙宝大峡谷风景区大门和文化楼；2013年上半年参与建造云南省文山壮族苗族自治州富宁县绿园休闲庄；2014年上半年参与建造融水县雨卜风景区接待大楼装修工程；2015—2016年上半年参与建造宝连新都木楼、窑埠古镇小木屋、古岭酒厂六角亭、水冲楼顶木楼、伟家庄休闲凉亭和钓鱼台等；2016年下半年参与建造柳州市三门江国家森林公园久尚山庄；2017年上半年参与建造阳朔戏楼；2017年年中参与建造三里农庄休闲长廊和门楼；2017年下半年参与落满观音禅寺修缮工程。

（3）韦定锦

韦定锦（1945年生），侗族，独峒镇林略村人，于2019年2月被列入县级第四批代表性传承人名单（图3-1-19）。韦定锦是当地著名的工匠，师从其父韦友忠（独峒镇林略村人，百艳鼓楼原掌墨师），1981年出师。2009年林略大火后，他子承父业。2012年重修了百艳鼓楼，传承了技艺和文化。1981—2017年他建造普通木楼300多座，风雨桥6座，鼓楼12座。

韦定锦主持和参与的代表性木构建筑

图3-1-19　县级代表性传承人韦定锦

项目有：

2011 年掌墨建造三江侗族自治县八江归座鼓楼；2012 年重修百艳鼓楼；2014 年参与建造广西民族大学相思风雨桥。

（4）杨勇现

杨勇现（1983 年生），侗族，洋溪乡信洞村人，于 2019 年 2 月被列入县级第四批代表性传承人名单。杨勇现出生于木匠世家，祖辈以木构技艺糊口。他自幼受木艺氛围熏陶，从 16 岁开始，于寒暑节假日跟随其父以帮手的身份跟班学习，26 岁开始能独当一面，曾参与大滩牛记井亭、大滩戏楼、波里归能木构教学楼的设计工作。

杨勇现主持和参与的代表性木构建筑项目有：

2015 年掌墨建造南宁青山高尔夫别墅园林；2015 年掌墨建造同乐苗族乡高培村戏台；2016 年掌墨建造八江镇布央井亭；2016 年掌墨建造八江镇布央老年活动中心亭；2016 年掌墨建造柳州市森林公安局环形回廊；2017 年掌墨建造老堡乡东竹村村委楼；2017 年掌墨建造丹洲镇龙万山长廊；2017 年掌墨建造老堡乡戏台；2018 年掌墨建造老堡乡塘库村文化综合楼；2019 年掌墨建造老堡乡上曲弧形长廊。

侗族木构建筑营造技艺项目是三江侗族自治县众多非遗项目中已经获得各级代表性传承人最多的项目。由于该项目面对的产业较大，就业机会较多，很多木工工匠也认识到获得代表性传承人身份对自己事业发展的重要性，所以，近年来，三江侗族自治县木工工匠对于申报县级及以上代表性传承人十分踊跃，有逐年增多的趋势。

二、三江侗族自治县侗族木构建筑营造技艺高超的民间艺人现状

本次普查对部分乡镇中不在代表性传承人名录中，但具有掌墨师资格的技艺高超的民间艺人进行了实地采访，给部分民间艺人建立了档案，这是三江侗族自治县迄今为止首次对这一群体进行调查。通过调查，课题组发现不少重要的信息，为三江侗族自治县侗族木构建筑营造技艺的历史渊源、传承方式和今后的传承提供研究依据，对非遗保护起到重要作用。2019 年 11 月，首批建立了 67 位具有掌墨师资格的民间艺人的档案，其中 60 岁以上高龄艺人共计 25 人：林溪镇 10 人，八江镇 4 人，独峒镇 7 人，良口乡 3 人，同乐苗族乡 1 人。按所在地分，其中林溪镇 26

人，八江镇 10 人，独峒镇 20 人，良口乡 5 人，洋溪乡 3 人，同乐苗族乡 1 人，丹洲镇 2 人。按年龄分，20 世纪 10 年代出生的 1 人，20 年代出生的 2 人，30 年代出生的 5 人，40 年代出生的 12 人，50 年代出生的 6 人，60 年代出生的 21 人，70 年代出生的 11 人，80 年代出生的 8 人，90 年代出生的 1 人。大部分掌墨师文化水平相对较低。大量数据表明，年轻一代的掌墨师人数正在逐年增长（表 3.2）。

表 3.2　课题组登记的三江侗族自治县技艺高超的民间艺人名单（部分）

序号	姓名	民族	户籍所在地
1	石显如	侗	三江侗族自治县林溪镇冠洞村
2	龙敏杰	苗	三江侗族自治县洋溪乡信洞村
3	吴欢德	侗	三江侗族自治县八江镇八斗村
4	胡永江	苗	三江侗族自治县八江镇归内村
5	胡永龙	苗	三江侗族自治县八江镇归内村
6	胡永根	苗	三江侗族自治县八江镇归内村
7	胡通位	苗	三江侗族自治县八江镇归内村
8	吴富忠	侗	三江侗族自治县八江镇马胖村
9	雷通善	侗	三江侗族自治县八江镇马胖村
10	吴家圆	侗	三江侗族自治县八江镇马胖村
11	莫刚七	侗	三江侗族自治县八江镇塘水村
12	潘喜前	侗	三江侗族自治县独峒镇八协村
13	李前祝	侗	三江侗族自治县丹洲镇板江村
14	吴荣文	汉	三江侗族自治县丹洲镇红路村
15	石山才	侗	三江侗族自治县独峒镇八协村
16	石业祖	侗	三江侗族自治县独峒镇八协村
17	石银修	侗	三江侗族自治县独峒镇八协村

续表

序号	姓名	民族	户籍所在地
18	吴华秀	侗	三江侗族自治县独峒镇岜团村
19	杨华仁	侗	三江侗族自治县独峒镇独峒村
20	杨华超	侗	三江侗族自治县独峒镇独峒村
21	胡仁显	侗	三江侗族自治县独峒镇干冲村
22	吴学金	侗	三江侗族自治县独峒镇高定村
23	吴平现	侗	三江侗族自治县独峒镇高定村
24	石玉秀	侗	三江侗族自治县独峒镇具盘村
25	石成贤	侗	三江侗族自治县独峒镇具盘村
26	杨再荣	侗	三江侗族自治县独峒镇弄底村
27	王才进	侗	三江侗族自治县独峒镇平流村
28	胡金周	侗	三江侗族自治县独峒镇平流村
29	胡日庆	侗	三江侗族自治县独峒镇平流村
30	胡田旺	侗	三江侗族自治县独峒镇平流屯
31	胡开良	侗	三江侗族自治县独峒镇平流屯
32	杨转吉	侗	三江侗族自治县独峒镇唐朝村
33	梁全伏	侗	三江侗族自治县独峒镇牙寨村
34	杨兴财	侗	三江侗族自治县良口乡和里村
35	杨光美	侗	三江侗族自治县良口乡和里村
36	杨文挤	侗	三江侗族自治县良口乡南寨村
37	龙 林	侗	三江侗族自治县良口乡寨塘村
38	龙光玉	侗	三江侗族自治县良口乡寨塘村
39	杨云海	侗	三江侗族自治县林溪镇程阳村

续表

序号	姓名	民族	户籍所在地
40	杨朝水	侗	三江侗族自治县林溪镇平铺村
41	杨全景	侗	三江侗族自治县林溪镇平岩村
42	杨云东	侗	三江侗族自治县林溪镇程阳村
43	吴仕康	侗	三江侗族自治县林溪镇高定村
44	吴国艳	侗	三江侗族自治县林溪镇高秀村
45	潘建光	侗	三江侗族自治县林溪镇高友村
46	杨光智	侗	三江侗族自治县林溪镇高友村
47	杨仙学	侗	三江侗族自治县林溪镇冠洞村
48	杨路合	侗	三江侗族自治县林溪镇冠洞村
49	杨龙显	侗	三江侗族自治县林溪镇冠洞村
50	杨雄敏	侗	三江侗族自治县林溪镇合华村
51	吴雄伟	侗	三江侗族自治县林溪镇合华村
52	吴委学	侗	三江侗族自治县林溪镇弄团村
53	吴海广	侗	三江侗族自治县林溪镇弄团村
54	吴红卫	侗	三江侗族自治县林溪镇弄团村
55	吴送军	侗	三江侗族自治县林溪镇弄团村
56	吴领夫	侗	三江侗族自治县林溪镇弄团村
57	吴大勇	侗	三江侗族自治县林溪镇弄团村
58	吴大军	侗	三江侗族自治县林溪镇弄团村
59	吴国环	侗	三江侗族自治县林溪镇弄团村
60	吴国权	侗	三江侗族自治县林溪镇弄团村
61	杨武震	侗	三江侗族自治县林溪镇弄团村

续表

序号	姓名	民族	户籍所在地
62	杨善仁	侗	三江侗族自治县林溪镇平岩村
63	龙汉兴	侗	三江侗族自治县林溪镇水团村
64	曹甫玉保	侗	三江侗族自治县同乐苗族乡高武村
65	龙永红	苗	三江侗族自治县洋溪乡信洞村
66	杨勇华	侗	三江侗族自治县洋溪乡信洞村
67	龙令甜	侗	三江侗族自治县八江镇塘水村

独峒镇县级以上代表性传承人虽然只有 3 人，但是，独峒镇的苗江河流域现今保存了大量的历史建筑，如岜团桥、华练培风桥、平流赐福桥、盘贵鼓楼等。历史上曾经记载有石含章、吴文魁、吴金添等杰出的工匠，但并无太多文字记载和具体情况描述。本次调研还通过对华练村、平流村的艺人访谈，不断寻找历史名匠的后人和徒弟，探寻侗族木构建筑营造的历史。

（1）石含章

石含章（1836—1928 年），侗族，独峒镇华练村人，是三江侗族自治县十分重要的木工艺人，他与当今著名的程阳永济桥、岜团桥、华练培风桥等文物建筑的建造有重要关系。石含章有着庞大的传承谱系，徒弟后人较多，并且名气较大。根据《三江侗族自治县志》记载，石含章的师傅是石玉潮。石玉潮带领石含章、吴文

魁（独峒镇华练村人）、吴金添（独峒镇华练村人）、石井芳等徒弟（图 3-2-1），曾在侗乡建造了许多木楼房屋，尤精于修建侗族风雨桥和鼓楼。他们修建的第一座

图 3-2-1　吴金添后人（吴德光）

风雨桥是华练村的培风桥。此桥于清同治十一年（1872年）动工，到清光绪十八年（1892年）竣工，历时19个春秋，因经费困难，其间多次被迫停工。此桥长56.5米，宽4米，桥面竖有四座五层飞檐瓦角的楼阁。桥廊两边设长板凳，可坐300余人。桥内上方还绘有故事图画。

石含章和他的徒弟王景新（独峒镇平流村人）承建的第二座桥是平流村"赐福桥"。此桥1947年被烧毁，现在的平流桥是由王景新的儿子王庆光（独峒镇平流村人，1908年生）、徒弟王甫水（独峒镇平流村人）重修的。王庆光的女婿吴治堂（独峒镇华练村人）在20世纪80年代建造了华练戏台。

石含章带领徒弟在该地区还建造了两座有名的风雨桥，分别是八协村的"桢福桥"和岜团村的"要塞桥"。这两座桥同在清宣统二年（1910年）竣工。这几座桥建成后，石含章等木工师傅在建桥技艺上声名远播。1912年建造林溪镇程阳永济桥的时候，林溪镇的工匠先后到培风桥和要塞桥来参观，之后，便迎请石含章、莫士祥（独峒镇华练村人）等去程阳参加修建永济风雨桥。

石含章与吴文魁等人不仅会建桥梁，而且也会建侗族鼓楼。以石含章为主修建的华练大寨塔式鼓楼，有九层飞檐瓦角。寨北还有七层鼓楼，寨基屯有三层鼓楼，都非常雄伟壮观。可惜大寨和寨北两座大鼓楼于1964年毁于火灾。石含章

后又在岜团承建了三座鼓楼。其中一座叫"楼胖"鼓楼，尖塔式，九层飞檐，是三江侗族自治县内塔式鼓楼中的佼佼者（1975年在岜团寨火灾中被毁）。

在石含章的传承谱系中，有很多后世工匠也十分有名气，并能够将他的工艺水平和风格继承与延续。如吴承惠，独峒镇华练村人，自治区级非遗代表性传承人，其父亲为吴治堂，吴治堂是王庆光的徒弟，吴承惠继承了这一文化和技艺的血脉。2008年，吴承惠承担了华练重修鼓楼的工程；2013年10月10日，吴承惠对华练培风桥进行修复翻新；2017年下半年，吴承惠在不改变父亲吴治堂20世纪80年代建造的华练戏台的基础上，重新建造了华练戏台。苗江河流域的侗族木构建筑营造技艺在他的手中得到传承。

（2）石银修

这一区域还有一位重要的工匠叫石银修，1932年生，独峒镇八协村人（图3-2-2）。石银修的祖父是个有名的木匠（其家族是否与石含章有关还待考证）。他16岁跟随祖父学木工，曾修建过鼓楼、风雨桥和无数的木楼，练就了一身好技艺。石银修于1981年应贵州省黎平县地坪寨之请，承建地坪桥。他的形象曾被刊登在《人民画报》，有较大的影响力。1996年，石银修承担了八江风雨桥的重修工程。

（3）杨光仁和杨光友

在林溪镇林溪河流域也有不少工匠群

图 3-2-2　独峒镇八协村木匠石银修

体，作为林溪河下游的程阳八寨蜚声海内外，杨似玉、杨求诗、杨玉吉等著名工匠已被外界熟悉，林溪河上游的弄团、水团等村寨也有不少重要的工匠，有待发掘。

林溪镇弄团村人杨光仁（1904—1965年）和杨光友（1908—1954年）为两兄弟，他们在 1924 年一同掌墨建造了弄团村下河屯下河鼓楼，1949 年杨光友掌墨建造了弄团村都亮屯的都亮鼓楼。这两座鼓楼造型优美，式样复杂。1941 年杨光友掌墨重建了林溪村岩寨旧鼓楼，位于林溪镇林溪村科马界山脚。1921 年杨光仁掌墨建造了一座寿星桥；1924 年杨光仁在都亮屯掌墨建造了都亮桥；1945 年杨光仁掌墨建造了福星桥，这几座桥的基本结构到现在保存

完好。1946 年杨光仁还复修了湖南通道侗族自治县坪坦乡高步村的迴福桥。从弄团村到平铺村之间的很多风雨桥都是他们建造的。

（4）杨武震

杨武震（1931 年生），侗族，林溪镇弄团村人，是杨光友的外孙，拜杨光友、杨光仁为师（图 3-2-3）。1964 年掌墨建造了弄团鼓楼，1997 年大火烧掉该鼓楼，1999 年他重修了弄团鼓楼，同年重修了林溪镇牙己村的牙己鼓楼。1984 年杨武震掌墨建造了位于林溪镇弄团村下河屯的下河桥。1986 年杨武震掌墨建造了位于林溪镇弄团村都亮屯的半冲添福桥。目前在弄团村做木工的工匠有七八人，基本上都

图 3-2-3　林溪镇弄团村木匠杨武震

是杨武震的徒弟。吴云彰就是杨武震徒弟之一吴祥勋（1940—2016 年，林溪镇弄团村人）的徒弟。吴云彰（1965 年—，林溪镇弄团村人），1986 年开始随吴祥勋学艺，他勤学好问善研究，自学掌握了手工绘图，擅长制作各类侗族木构建筑模型。他制作的十桥八楼模型，被三江侗族自治县博物馆收藏。2003 年他设计、掌墨建造了湖南省新晃侗族自治县铁索桥桥头堡；2011 年掌墨建造了三江同乐苗族乡高旁侗寨鼓楼；2010 年掌墨建造了柳城县刘三姐影视城长廊；2010 年参与三江风雨桥建设，担任第六桥亭（该亭为六角亭，高 16.3 米）掌墨师；2016 年掌墨建造了林溪镇林溪村新寨鼓楼；2017 年掌墨建造了湖南靖州苗族侗族自治县大堡子乡的鼓楼。

（5）吴国权和吴国环

吴国权（1939 年生），林溪镇弄团村人，是杨光仁的外孙（图 3-2-4）。吴

图 3-2-4　林溪镇弄团村木匠吴国权

图 3-2-5　林溪镇弄团村木匠吴国环

国权拜了杨光友、杨光仁为师。1984 年掌墨建造了位于林溪镇弄团村万盆山脚的半冲三合桥；1984 年重修了都亮屯上涌风雨桥；1986 年掌墨建造了位于湖南通道侗族自治县播阳镇大高坪村的龙寨潭鼓楼；2000 年掌墨建造了浙江省奉化市溪口镇的金竹庵。杨光仁的外孙吴国环（1945 年生，林溪镇弄团村人），是吴国权的弟弟，现在也从事木工行业，他修建了科马界山脚的寨门和都亮屯的井亭（图 3-2-5）。

（6）杨光智

杨光智（1924—2018 年），侗族，林溪镇高友村人。杨光智从 11 岁开始自学木工，1959 年能够独立掌墨。1976 年他掌墨建造了高友村第一座风雨桥；1979 年掌墨建造了湖南通道侗族自治县甘溪乡恩科村风雨桥；2005 年掌墨建造了高友村 13 层鼓楼；2006—2007 年掌墨建造了高

图 3-2-6　林溪镇高友村木匠潘建光

友村寨门以及 8 座凉亭、井亭；2008 年掌墨建造了八江镇福田村福田鼓楼；2011 年掌墨建造了高友村的 5 层小鼓楼。杨光智是集藤、竹、铁、木等工艺为一身的师傅，2006 年被评为三江侗族自治县"十佳民间艺人"。他所带的徒弟有潘建光、吴永恒等。其中潘建光（1949 年生，林溪镇高友村人），18 岁开始在高友村学木工，25 岁独立掌墨，2005 年与杨光智一起掌墨高友村福星楼，主要掌墨建造了马山鼓楼和新寨鼓楼（图 3-2-6）。

（7）雷文兴

雷文兴（1910—1987 年，八江镇马胖村人），又名条客，侗族。雷文兴出身贫苦，早年丧父，从少年时代起就肩负了家庭的重担，过早的生活重担使他养成了勤劳简朴的作风。他善于思考，尤好学艺。还在少年时，就常学着用麻秆、芦笛

秆和芭芒秆等东西做材料，模仿木匠师傅制作房屋、桥梁、鼓楼、水车等模型和玩具。而且在此基础上有所创新，经常搞出一些新鲜花样，这为其后来成为一位远近闻名的巧木匠打下了基础。

马胖独寨鼓楼，位于八江镇马胖村独寨，始建于民国三十年（1941 年），掌墨师为雷文兴。这是雷文兴建造的第一座鼓楼。这座鼓楼于 1986 年被搬迁到了现在的位置，负责搬迁的师傅是雷文兴徒弟吴家圆的儿子吴富忠（1964 年生，八江镇马胖村人）。

马胖鼓楼，位于八江镇马胖村岩寨，始建于清代，屡经寨火，几经重建。现存的马胖鼓楼为民国三十二年（1943 年）建，民国三十四年（1945 年）元月上梁，掌墨师为雷文兴。这是雷文兴建造的第二座鼓楼。马胖鼓楼外面有石板铺垫的鼓楼坪，左侧竖有清光绪二十三年（1897 年）马胖村村规民约石碑一块。1963 年 2 月 26 日，马胖鼓楼被列为广西壮族自治区重点文物保护单位。2006 年 5 月 25 日，马胖鼓楼被列为全国重点文物保护单位。

马胖岩寨鼓楼，位于八江镇马胖村岩寨屯，始建于民国三十七年（1948 年），掌墨师为雷文兴。这是雷文兴建造的第三座鼓楼，是歇山式鼓楼。现存的马胖岩寨鼓楼是 1986 年重建的。重建后的马胖岩寨鼓楼高 12.5 米，底面面积为 9.8 米 ×9.8 米，有九层檐瓴，穿斗式杉木结构，楼盖由原来的歇山式改为了攒尖式。鼓楼的装

饰是由从湖南请来的师傅做的花纹。重建的掌墨师为雷文兴的儿子雷通善（1940年生，八江镇马胖村人）。雷通善从小跟父亲学习木工，1994年能够独立掌墨，先后修建过马胖村凉亭、通道鼓楼、黄土乡鼓楼、平坦鼓楼等。

雷文兴的徒弟目前还在世的有雷通善（图3-2-7）、吴家圆（1919年生，八江镇马胖村人）。吴家圆主要掌墨建造了南寨风雨桥，在本地主要做民房、木房，曾跟随雷文兴在冠洞等地做鼓楼（图3-2-8）。

（8）杨善仁

杨善仁（1925年生），侗族，林溪镇平岩村人。杨善仁从小喜爱制作侗族风雨桥、鼓楼、凉亭、民居等模型（图3-2-9）。他善于思考，尤好学艺，在林溪镇一带建造有多座风雨桥、鼓楼、民居，是附近较有名的木匠师傅之一。杨善仁有5个儿子，其中四儿子杨似玉和五儿子杨玉吉分别为侗族木构建筑营造技艺国家级和自治区级代表性传承人。1984年，他带领弟子重修全国重点文物保护单位——程阳永济桥；1986年在广西壮族自治区博物馆民俗园建造鼓楼、寨门、戏台、侗族吊脚楼等；1999年参与设计湖南芷江龙津风雨桥；2009年参与设计三江风雨桥。

图3-2-7 八江镇马胖村木匠雷通善

图3-2-8 八江镇马胖村木匠吴家圆

图 3-2-9　杨善仁在制作建筑模型

三、三江侗族自治县侗族木构建筑营造技艺年轻艺人现状

　　由于各级政府对非遗传承的积极推动，三江侗族自治县侗族村寨中人们对侗族木构建筑的文化价值有了一定的认识，文化传承不仅仅是作为过去乡村技艺的延续，而且作为一种对传统技艺的保护和青年人就业的发展需要。这种认识得益于广西和其他地区的人们热衷于建造木构建筑，使木构建筑产业不断扩大，给年轻人带来了就业的机会。在学艺方面，三江侗族自治县的年轻从业者基本上还是按照传统的方法跟随师傅学习木工，在具体的项目学习中不断成长，直到成为一名掌墨师。与过去的学艺方式不同的是，现在的年轻艺人开始使用信息化的设计技术和现代电动工具加工材料，而传统的师徒关系还保持着。

（1）吴海广

　　吴海广（1985 年生），侗族，林溪镇弄团村人（图 3-3-1）。他从小爱好侗族木构营造技艺，2002 年他初中毕业后为

图 3-3-1　林溪镇弄团村都亮屯掌墨师吴海广

了传承先辈师傅们的木构营造技艺，跟随其父吴大军学习。2009 年掌墨建造独峒镇归盆村风雨桥；2010 年参与建造三江风雨桥，担任其中一座桥亭的掌墨师之一；2011 年掌墨建造林溪长寿风雨桥；2013 年参与建造湖南新晃龙滩坪风雨桥；2014 年参与建造桂林市灵川县甘棠江风雨桥两个大塔和连廊；2017 年参与建造百色市凌云县浩高风雨桥中亭和连廊；2019 年掌墨建造柳城县红马山景区三条长廊。

（2）杨全景

　　一些著名工匠的后代在学习和继承传统技艺的方面有了新的突破，体现在对新技术的学习和应用，杨似玉的儿子杨彬旅、杨求诗的儿子杨雄德、杨玉吉的儿子杨全景等，均为"80 后"，这一代艺人在

父辈的技艺传授之外，主动学习计算机辅助设计软件，学习建筑工程招投标、项目验收等工程知识，拓展综合能力，为传统技艺走向市场化、商业化做出了更多的尝试。

　　杨全景（1987 年生），侗族，林溪镇平岩村人（图 3-3-2）。2008 年开始跟随爷爷杨善仁、父亲杨玉吉（侗族木构建筑营造技艺自治区级代表性传承人）学习木工。2009 年他参加建造三江侗族自治县风雨桥，主要负责风雨桥部件的制作；2010 年跟随爷爷杨善仁到达宜州市建造"歌仙桥"，在爷爷的指导下开始学习掌墨，制作了大量风雨桥的木构件；2012 年跟随父亲参加湖南省邵阳市城步苗族自治县"荣昌风雨桥"及周边长廊、凉亭建造，在父亲的指导下开始担任掌墨师。

图 3-3-2　林溪镇平岩村木匠杨全景（左一）

2013 年他跟随杨似玉（侗族木构建筑营造技艺国家级代表性传承人）在桂林龙胜县建造"龙胜风雨桥"；2013 年下半年赴宜州市刘三姐镇参与建造侗族吊脚楼木屋和侗族文化长廊；2014 年跟随爷爷赴上海市奉贤区海湾旅游区建造"众福桥"；2015 年赴玉林陆川县、容县建造侗族吊脚楼和六角亭；2016 年在柳州市三门江森林公园建造侗族吊脚楼和长廊；2017 年和父亲一起在柳州城市职业学院建造"柳州城市职业学院侗族鼓楼"；2018 年在湖南岳阳会仙湖风景区参与建造侗族吊脚楼。

（3）杨云东

新一代艺人不仅在技术手段上有所突破，在文化传承和社会影响力方面的意识也有所增强。如林溪镇杨云东，其父亲为县级代表性传承人杨恒金，他从小在父亲的影响下学习木构建筑营造技艺。杨云东在制作建筑模型方面有突出成就，尤其是创作模型，他是首届中华高级木作师获得者，2016 年在首届三江侗族自治县木构模型大赛中获得铜奖（图 3-3-3）。从 2011 年开始，杨云东到柳州发展事业；2013 年在柳州市"柳柴·赏石文化产业园"建立了自己的木作工作坊，与社会各界广泛交流，承接建筑模型制作与木构建筑工程项

图 3-3-3　杨云东在制作木构建筑模型

目；2017 年正式注册了自己的企业——柳州市杨氏木艺文化产业有限公司。杨云东通过自己对侗族木构建筑文化的积极宣传，被很多机构邀请进行文化宣讲和开展普及性教学。2017 年，杨云东先后到广西科技大学、柳州城市职业学院、柳州市群众艺术馆"柳州非遗学堂"、柳州市多所中小学等机构举办讲座，传播侗族木构建筑营造技艺的知识，为非遗传承做出自己的贡献。

第四章

政府、企事业单位和社会各界
参与侗族木构建筑营造技艺
保护与传承的情况

在过去的十多年里，非物质文化遗产的保护与传承得到政府部门和社会各界的支持，不仅在国家层面有相关制度的建立和专项经费与项目的划拨，地方政府也积极出台适合于本地区的政策，通过举办形式多样的保护与传承活动，带动社会各界关注非遗传承，创造良好的生产与经营环境，推动了地方的非遗保护与传承工作。生产性保护是本项目最重要的传承手段，侗族木构建筑营造技艺的保护与传承与美丽中国、乡村振兴、精准扶贫等国家重要议题有关，同时，因为城乡建设的需要扩大了木构建筑工程项目的规模，给传承人带来了就业和创业机会，由侗族人创办和管理的企业不断增多，侗族木构建筑营造技艺产业化发展加快，对培育人才、传承技艺起到了重要作用。另外，全国大中专院校也逐渐参与非遗研究与保护工作，各地中小学也开展形式多样的非遗进课堂、大师进校园的活动，形成全社会关注非遗保护与传承的风气。

一、政府部门对侗族木构建筑营造技艺保护与传承所发挥的作用

总结中国近 20 年来非遗保护所取得的成就与经验，中国各级政府部门是推动非遗保护最重要的力量和保障。在 2019 年 6 月由国家文旅部和广东省人民政府主办、中山大学承办的"非物质文化遗产保护的中国实践"学术论坛上，中山大学高小康教授指出："中国的非遗保护实践最基本的特色在于超越了一般专业技术和具体事项形态层面的视域和范式局限，从国家文化发展战略层面和构建人类命运共同体的全球视域推进非遗保护实践，从而使非遗保护成为中国公共文化建设和一带一路倡议等世界文化交流的重要内容和路径。"[①] 在侗族木构建筑营造技艺保护过程中，国家、自治区、柳州市和三江侗族自治县相关政府部门都发挥了重要作用。

（一）相关政策与制度

我国政府层面的非物质文化遗产保护工作从 2004 年正式全面开展。2005 年，国务院办公厅发布了《关于加强我国非物质文化遗产保护工作的意见》和《关于加强文化遗产保护的通知》两项文件，标志着我国非物质文化遗产的申报、保护、

---

① 宋俊华，倪诗云：非遗保护的中国经验与中国声音："非物质文化遗产保护的中国实践"论坛会议综述［J］．文化遗产，2019（5）：129．

研究和产业化发展等相关工作的启动。从2006年10月25日文化部发布《国家级非物质文化遗产保护与管理暂行办法》到2011年6月1日施行《中华人民共和国非物质文化遗产法》的这五年是非遗保护法律化建设的五年，也是我国非遗保护国际化，拉近中国与发达国家非遗保护差距的重要过程。

广西壮族自治区于2006年1月1日起实施的《广西壮族自治区民族民间传统文化保护条例》也对侗族木构建筑营造技艺传承与创新起到有效作用。2016年11月30日广西壮族自治区第十二届人民代表大会常务委员会第二十六次会议通过《广西壮族自治区非物质文化遗产保护条例》。

2017年12月柳州市文新广局印发了《柳州市非物质文化遗产保护工作平台管理暂行办法》《柳州市市级非物质文化遗产代表性传承人（团体）年度考核暂行办法》《柳州市非物质文化遗产保护专项资金使用管理暂行办法》《柳州市年度十佳非物质文化遗产传承团体评选暂行办法》。

2013年6月三江侗族自治县人民政府印发了《三江侗族自治县联席会议制度》，加强三江侗族自治县非物质文化遗产保护工作，确定了工作职能、成员单位，统一协调解决非物质文化遗产保护工作中的重大问题；2015年7月8日三江侗族自治县第十五届人民代表大会第六次会议通过、2015年9月25日广西壮族自治区第十二届人民代表大会常务委员会第十九次会议批准《三江侗族自治县少数民族特色村寨保护与发展条例》。

2006年以来，三江侗族自治县文化部门制定了《侗族木构建筑营造技艺五年保护实施规划》等非物质文化遗产保护的文件和具体措施，并将相关保护工作纳入三江侗族自治县"十二五"规划项目。2011年，三江侗族自治县政协以课题研究的方式撰写了《三江侗族自治县民族文化传承、保护和发展》调研报告。三江侗族自治县县政府确立了"抢救性、整体性、认同性、区域性"的"四性"非遗保护原则，加强非遗项目和信息点的调查，建立人才档案，坚持整体保护，将不同种类的非遗项目集合在一个区域整体保护，即生态文化保护，并开展富有特色的"五个一百工程"，即一百个重点民族文化生态村寨保护、一百个民族艺术拔尖人才选拔、一百个民族文化优秀传承人培养、一百个文化致富工程带头人、一百所民族文化进课堂的重点学校。"五个一百工程"任务基本完成了，这项工作对推动侗族木构建筑营造技艺传承和创新起到重要作用，使全县人民对自身的传统文化的保护、学习和寻求发展的意识有了较大的增强。

长期以来，地方党委和政府十分重视民族文化的传承和保护，并把保护民族物质文化遗产纳入地方法规。《三江侗族自治县自治条例》第五十八条规定："自治县的自治机关加强对革命文物、历史文物和程阳风雨桥、马胖鼓楼等民族文物、名胜古迹的保护和管理。"并把"程阳桥""岜团桥"列为地方青少年爱国主义教育基地。为使公共建筑物不受破坏，保存完好，各村寨还制定了"村规民约"，明确了对公共建筑物的管理和保护。

（二）非遗保护机构的工作

三江侗族自治县在非遗保护领域方面的工作走在广西的前列，设有专门的非遗保护机构。2012 年 7 月，县政府撤销三江侗族自治县侗族艺术团，成立非物质文化遗产保护与发展中心，内设 3 个股室：办公室、保护与发展股、演艺股。财政全额事业编制 14 名，在职在编 11 名。三江侗族自治县非遗保护与发展中心始终坚持以抢救、保护与发展民族民间非物质文化遗产作为重点工作，收集整理、申报工作、组织非遗展演活动、组织相关培训、发展非物质文化遗产项目代表性传承人等也属于其业务范围。

三江侗族自治县非遗保护与发展中心依托国家级和自治区级非物质文化遗产代表性项目，建立非遗传承基地、生产性保护示范基地、保护示范户，利用和整合非物质文化遗产资源，采用真人、图片、实物、音像展示等方式，使非物质文化遗产变成让群众"看得见、摸得着"的直观活态文化（图 4-1-1~ 图 4-1-3）。目前中心已建设十大传承基地、十二个自治区级保护示范户以及十五个县级保护示范户。其中侗族木构建筑营造技艺传承基地有林溪镇平岩村、三江侗族自治县职业技术学校、三江民族中学等；侗族木构建筑营造技艺自治区级保护示范户有林溪镇平岩村。

三江侗族自治县非遗保护与发展中心通过举办形式多样的活动开展非遗保护与文化宣传，每年利用广西"三月三"、文化和自然遗产日等重要的时间和平台，举办非遗传承相关活动。从 2014 年开始，三江侗族自治县组织代表性传承人在本县

图 4-1-1　三江侗族自治县文化体育广电和
旅游局吴美莲副局长

图 4-1-2　三江侗族自治县非物质文化遗产
保护与发展中心韦茈伊主任

图 4-1-3　非物质文化遗产保护与发展中心召开非遗保护工作相关会议

图 4-1-4　非物质文化遗产保护与发展中心组织相关培训

以及柳州市主会场、自治区主会场参与展示、展演、普及和宣传非遗项目，以增强全民非遗保护意识。2013 年至今，中心每年组织非遗代表性传承人参加县、市、自治区举办的非物质文化遗产培训班（图 4-1-4）；2016—2017 年中心组织传承人参加中国文化部、教育部举办的中国非物质文化遗产传承人群研修研习培训计划，共组织 200 多位非遗传承人及民间艺人参加培训，通过培训提高了传承人的传承认

知与技艺；2016—2019 年，中心承办了广西"三区"人才支持计划培训班、柳州市贫困地区非遗传承人群传统技艺技能培训班，培训 500 余人次，充分扩大了传承人群体。同时，三江侗族自治县非遗保护与发展中心也积极举办各类比赛，如：2016 年 6 月 11 日，在三江侗族自治县多耶广场举行了侗族木构建筑营造技艺模型工艺大赛，大部分县级以上代表性传承人和民间艺人参加了活动，向社会群众展示了侗

图 4-1-5　侗族木构建筑营造技艺模型工艺大赛

族木构建筑的魅力（图4-1-5）。三江侗族自治县非物质文化遗产保护与发展中心积极推动民族文化进校园、进社区、进机关，使民族非物质文化遗产保护与传承后继有人（图4-1-6）。

2013年，三江侗族自治县非物质文化遗产保护与发展中心指导国家级侗族木构建筑营造技艺传承人杨似玉申报第二届中华非物质文化遗产"薪传奖"的评选，并成功获批。

三江侗族自治县非遗保护与发展中心还积极申报项目资金，确保有序传承。2014年申报国家级专项工作经费，获得侗族木构建筑营造技艺项目经费100万元，并将该项资金用于项目数字化建设、在"文化和自然遗产日"举办的侗族木构建筑营造技艺手工艺大赛、资源调查与整理并出版书籍、大数据平台建设、传承基地建设。从2017年开始国家文化部每年发放给国家级项目代表性传承人每人每年2万元；自治区级项目代表性传承人每人每年4000元；市级项目代表性传承人每人每年2000元；县级项目代表性传承人从2015年开始，由县人民政府发放每人每年600元，为非物质文化遗产代表性传承开展传习活动提供了重要的保障。

为确保侗族文化遗产保持的多样性、文化生态空间的完整性及文化资源的丰富性，三江侗族自治县非物质文化遗产保护与发展中心提出"建立三江侗族自治县文化生态保护区"理念，并采取了一系列文化保护措施，取得了许多令人瞩目的成

图 4-1-6　三江侗族自治县侗族木构建筑营造技艺传承基地三江民族中学

效。中心于 2013 年成功申报了自治区级侗族文化（三江）生态保护区，并且完成了规划纲要的制定。

（三）侗族村寨的保护

侗族木构建筑营造技艺的保护与传承是基于侗族村寨的保护环境下开展的，该技艺是侗族村寨中诸多非物质文化遗产项目中的一项，与整个乡村保护是一个紧密的整体，也就是说，如果侗寨的布局、传统建筑与传统生活方式被破坏了，侗族木构建筑营造技艺的保护与传承也就同样遭遇难以挽回的破坏，文化传承也会偏离其

原来的核心价值，所以，侗寨的保护是该技艺传承的母体，是技艺传承的保障。

三江侗族自治县同乐苗族乡、独峒镇孟江河流域一带的侗族村寨是广西三江侗族自治县传统村寨建筑比较有代表性的地区之一，村寨建筑布局典型，有众多的鼓楼和风雨桥建筑，民族传统节日多。该流域全程 15 千米，为实行统一管护，在三江侗族自治县政府的积极努力下，广西壮族自治区文化厅于 2004 年决定，将三江孟江河流域作为广西侗族民族文化生态保护区，并下拨了一定的保护费用。三江侗族自治县人民政府相应地制定了《三江侗

族自治县民族生态保护条例》。该条例把侗族重点村寨及鼓楼、风雨桥作为重点保护内容。侗族木构建筑营造技艺的保护与传承得益于生态博物馆的建设。生态博物馆概念来自欧美国家。贵州省在20世纪末启动生态博物馆的建设，建立了中国第一个生态博物馆——梭戛乡陇戛寨苗族生态博物馆。广西壮族自治区是在学习贵州省的经验以后，从2005年开始，以广西民族博物馆建设为龙头，在全区建立10个生态博物馆，形成"1+10"博物馆联合体。广西民族生态博物馆建设课题组运用现代工程学方法编制了《广西民族生态博物馆建设"1+10工程"项目建议书》。三江侗族生态博物馆成为首批建成的生态博物馆，也是柳州市第一个生态博物馆。它采用"馆村结合、馆村互动、相辅相成"的形式进行展示，即以县城国家重点博物馆之一的"三江侗族博物馆"为生态博物馆的展示中心，全面展示古老侗寨、侗寨建筑与工匠、古朴习俗、侗族服饰、织锦和刺绣、侗乡文艺等侗族文化。另以该县独峒镇孟江流域的座龙、岜团、林略等沿途15千米的9个村寨为辐射面，建立集侗族的寨门、吊脚楼、鼓楼、风雨桥、民风民俗及田园风光为一体的保护区，动态保护并展示侗族文化。整个辐射面内有人口15.8万多人，风雨桥13座、鼓楼23座、吊脚木楼1 580多座，每个村寨有3到5个"侗族生态博物馆示范户"。三江侗族生态博物馆的建设对侗族木构建筑营

造技艺的保护与传承起到重要作用。

2000年以来，为加强村寨防火基础设施建设，三江侗族自治县人民政府及消防部门共投入160多万元资金在侗族重点村寨兴建消防水池，配备消防机及大批消防器材。2001年以来，为消除侗族村寨电线老化引起火灾的祸患，水电部门先后投入400万元对全县农房进行了一次彻底的电网改造。侗族人居住集中，村寨密集，大的村子有500户以上，小的村屯也有50户左右，由于木楼耐火等级低，火警、火灾十分频繁。为减少村寨火灾的发生数次，保护人民生命和财产不受损失，近年来，地方政府加大了村寨防火力度，在重点村文物保护区，重点村屯建立防火水池，配备防火器材，大村大寨开设防火线设立防火员，建立防火队伍。目前，全县共建有防火水池220个，配备防火器材（机）141台，开设防火线46条，有防火员10580人。

从中央到地区，各级政府加大了对木构建造营造技艺存续地村寨的保护，从而保护了传统技艺赖以生存的文化土壤。2012年12月17日，住房城乡建设部、文化部、财政部决定将全国共646个村落列入第一批中国传统村落名录。三江侗族自治县独峒镇高定村、林溪镇高友村名列其中。2013年8月26日，住房城乡建设部、文化部、财政部公布了第二批列入中国传统村落名录的村落名单，三江侗族自治县林溪镇平岩村名列其中。2014年，

根据《国家民委关于开展中国少数民族特色村寨命名挂牌工作的意见》要求，国家民委组织有关专家对各省区申报的中国少数民族特色村寨命名挂牌名录项目进行了评审。经专家组评审，柳州市三江侗族自治县有 10 个村寨被列入首批中国少数民族特色村寨命名挂牌名录，分别为林溪镇高秀村、高友村、冠洞村的冠小屯和马鞍屯，独峒镇高定村、岜团村、林略村、唐朝村、八协村座龙屯，八江镇布央村等。2017 年，国家民委发布《关于命名第二批中国少数民族特色村寨的通知》，其中三江侗族自治县共有 2 个村寨被作为第二批"中国少数民族特色村寨"并予以命名挂牌，分别为林溪镇冠洞村冠大屯、平岩村平寨屯。2018 年，住建部公布了我国第四批传统村落名单，柳州市三江侗族自治县独峒镇林略村、岜团村、座龙村，林溪镇高秀村，梅林乡车寨村共 5 个村名列其中。2018 年，住房和城乡建设部、文化和旅游部、国家文物局、财政部、自然资源部、农业农村部联合下发通知，公布了 2018 年第二批列入中央财政支持范围的中国传统村落名单，柳州市三江侗族自治县独峒镇林略村、林溪镇高秀村两个村寨名列其中。

2015 年 4 月 9 日，广西壮族自治区住建厅公布了自治区第一批传统村落名录，三江侗族自治县的丹洲镇丹洲村，独峒镇高定村、林略村，林溪镇平岩村、高友村、冠洞村、高秀村，良口乡和里村，八江镇马胖村磨寨屯等 9 个村寨名列其中。2016 年 11 月 29 日，广西壮族自治区住房和城乡建设厅、文化厅、财政厅、国土资源厅、农业厅、旅游发展委联合发文，公布了广西第二批传统村落名录，全区有 218 个村落入围，三江侗族自治县也有村寨名列其中。2017 年 12 月 28 日，经广西传统村落保护发展专家委员会评审认定，自治区住房和城乡建设厅等自治区六部门公布了第三批广西传统村落名录，三江侗族自治县老堡乡老巴村、洋溪乡高露村、高基瑶族乡拉旦村、八江镇八斗村、独峒镇唐朝村、独峒镇玉马村、独峒镇知了村、良口乡孟龙村、同乐苗族乡高岜村、同乐苗族乡孟寨村坳寨屯等 10 个村寨名列其中。

2004 年开始，三江侗族自治县人民政府对"十佳生态文化村寨"实行授牌挂匾。历年来，举办了多届"十佳生态文化村寨"比赛。

自 2006 年以来，柳州市委宣传部、市委文明办、市农业局、市旅游局、市美丽办、柳州日报社、市广播电视台联合举办柳州"十大美丽乡村"评选活动，已评出了 70 个"风情柳州·美丽乡村"，三江侗族自治县共有 14 个村屯获"美丽乡村"称号。其中包含了独峒镇高定村，林溪镇冠洞村、岜团村等。

三省（自治区）侗族村寨跨地区联合申报世界文化遗产，推动了对侗族木构建筑营造技艺的保护工作。世界文化遗产的申报是对一个重要文化遗产的最高规格的肯定，对当地的文化遗产保护、文化弘扬和发展，以及当地的经济发展起到非常重要的作用。

2012 年 11 月，"侗族村寨"被列入国家文物局申报世界文化遗产预备名录，由贵州省文物局牵头起草了《侗族村寨——中国世界文化遗产预备名单更新申报文本》，并形成了由贵州、湖南和广西三省（自治区）联合申报的机制，主要申遗村寨包括三省（自治区）四市（州）六县的 27 个侗族村寨，柳州市三江侗族自治县有 6 个村寨（马鞍屯、平寨、岩寨、高友村、高秀村、高定村）在申遗范围当中。2018 年 12 月 20 日，由柳州市政府主办"2018 中国侗族村寨联合申遗面商协调会"，会议邀请了三省（自治区）四

市（州）六县的政府部门领导以及文保系统的领导和专家，并共同签署了工作备忘录，形成更加紧密的联动工作机制（图 4-1-7~ 图 4-1-8）。

三江侗族自治县申遗村寨的文化价值研究，包括村寨布局的理念研究、建筑营造理念和技艺的研究、村寨历史发展与农耕生产模式的研究、非物质文化遗产的研究、民俗与村寨文化的研究等。三江侗族自治县侗族村寨建筑与传统文化保护存在的问题研究，包括保护理念、保护手段、村民保护意识与素养、地方政府机构职能的调查和研究。侗族村寨申报世界文化遗产文化保护策略的研究，包括借鉴国外先进保护理念，因地制宜开展保护的工作和措施，构建三江侗族自治县文化遗产保护的有效模式。

图 4-1-7　三江侗族自治县侗族村寨申报世界文化遗产工作情况汇报会

图 4-1-8　三江非遗保护与发展中心领导带队参加培训

二、生产性保护与木构建筑产业发展情况

2012 年 2 月，为进一步规范、加强非物质文化遗产生产性保护，根据《中华人民共和国非物质文化遗产法》（主席令第 42 号）和《国务院办公厅关于加强我国非物质文化遗产保护工作的意见》（国办发〔2005〕18 号）精神，文化部就非物质文化遗产生产性保护提出了详细的指导意见。2018 年 1 月，国务院公布了《中共中央　国务院关于实施乡村振兴战略的意见》。2018 年 3 月，国务院总理李克强在政府工作报告中指出要大力实施乡村振兴战略。2018 年 9 月，中共中央、国务院印发了《乡村振兴战略规划（2018—2022 年）》，并发出通知，要求各地区各部门结合实际认真贯彻落实乡村振兴的五个主要方面：乡村产业振兴、乡村人才振兴、乡村文化振兴、乡村生态振兴和乡村组织振兴。这一系列国家相关的鼓励政策，加快了侗族木构建筑项目的产业化过程。而侗族木构建筑项目的产业化过程，主要体现在以侗族木构建筑营造技艺各级代表性传承人为主体的侗族建筑工程队从传统乡村建筑营造组织方式向现代企业化方向发展的过程。

2006 年以来，由于中国房地产产业的飞速发展，加上各地区对民族建筑及文化的重视，广西及周边省市，新建了大量具有侗族木构建筑特色的建筑项目和景观项目，这为侗族木构建筑营造技艺的传承与创新提供了良好的发展机会。这一时期，也是侗族建筑工程队从传统乡村建造营造组织方式向现代企业化方向发展的一个重要阶段，一些代表性传承人和民间工匠在原有的工程队基础上，成立了能够承接侗族木构建筑施工的企业，企业资质虽然达不到建筑设计和建筑工程施工的行业资格，但是，也可以承担或者局部工程承接基于小城镇和乡村的建设项目。据课题组调查，目前三江侗族自治县侗族地区长期从事木构建筑工程项目的小型企业有30 多家，正规注册的企业大约有 20 多家（表 5.1）。

表 5.1　三江侗族自治县侗族工匠成立的企业（部分）

序号	企业名称	负责人	成立时间
1	三江侗族自治县似玉楼桥工艺建筑有限公司	杨似玉	2006 年
2	三江侗族自治县亚苗楼桥设计建筑有限公司	杨孝军	2006 年
3	三江侗族自治县银桥木结构建筑有限公司	杨全景	2013 年
4	三江侗族自治县华民鼓楼工艺制作有限公司	吴大明	2012 年
5	三江侗族自治县惠民楼桥建造有限公司	吴承惠	2013 年
6	三江侗族自治县好艺木结构建筑工程有限公司	龙令鹏	2014 年
7	广西三江侗族自治县莫家名匠木结构工艺建筑工程有限公司	莫军团	2014 年
8	三江侗族自治县才艺木建筑结构有限公司	李斌	2014 年
9	三江侗族自治县艺承木结构有限公司	石业祖	2014 年
10	三江侗族自治县柳军木结构建筑有限公司	吴柳军	2015 年
11	三江侗族自治县楼桥美民族建筑开发有限公司	吴保雄	2016 年
12	广西云雍古建筑工程有限公司	杨秀云	2016 年
13	广西三江侗族自治县添福楼桥工艺建筑有限公司	罗品余	2016 年
14	三江侗族自治县安泰建筑有限责任公司	吴贵杰	2017 年
15	三江侗族自治县民艺木制结构建筑工程有限责任公司	韦海丽	2017 年

续表

序号	企业名称	负责人	成立时间
16	三江侗族自治县富安木结构建筑设计有限公司	陆台先	2017 年
17	柳州市杨氏木艺文化产业有限公司	杨云东	2017 年
18	广西三江侗族自治县三省坡木结构建筑有限公司	吴振	2017 年
19	广西鑫磐工程项目管理有限责任公司三江分公司	吴利香	2019 年
20	三江侗族自治县瑶琚木结构建筑有限公司	姚艳香	2019 年

由于企业负责人是有一定的知名度的代表性传承人和口碑较好的民间艺人，这些公司不仅承接三江侗族自治县本地的项目，他们在南宁、桂林、柳州、来宾等地均承接了大量工程项目，如广西民族博物馆木构建筑群、南宁红豆风情园木构建筑群、柳州园博园侗族建筑、桂林龙胜风雨桥等。除了广西以外，贵州黔东南、湖南怀化等地区近几年也都积极展示侗族木构建筑文化，通道侗族自治县城、从江县城、黎平县城等地新建了大量具有侗族建筑文化特征的新建筑，为侗族木构建筑营造技艺的产业化发展提供了商业机会，也使得这一类企业得到良性发展，激励年轻人从事侗族木构建筑工作，从业人员群体不断扩大。三江林溪镇成为周边地区年轻木工的学习基地，并带动了周边的独峒镇、八江镇、同乐苗族乡等地区，辐射黔东南和湘西南地区，是侗族木构建筑营造技艺传承与创新的中心。

杨似玉是国家级非遗代表性传承人。

杨似玉近 20 年来的业务发展是侗族木构建筑营造技艺产业化发展的一个缩影，其所创办的三江侗族自治县似玉楼桥工艺建筑有限公司成立于 2006 年，原名三江侗族自治县民族建筑工程队，主要业务有鼓楼、风雨桥、吊脚楼、凉亭等民族文化景观的设计和施工，建筑内部的民族化装饰，以及各种木制模型手工艺品设计制作。该公司虽然承接的项目很多，但固定从业人员不多，基本上为杨似玉及其徒弟，有工程项目的时候才调用本村及邻近村民木匠，采用比较传统的管理模式，先后完成了多个有影响力的工程项目。例如，目前全世界最高的全木结构鼓楼建筑"三江鼓楼"、桂林兴安"乐满地"景区木制建筑、南宁李宁体育场民族建筑等，获得较多的荣誉。到 2017 年，三江侗族自治县似玉楼桥工艺建筑有限公司处于相对停滞的状态，杨似玉的很多项目已经不使用该公司，因为公司无法满足越来越规范的市场资质要求，面临重新调整。

杨求诗是新晋的国家级代表性传承人，2017年12月28日，他入选第五批国家级非物质文化遗产代表性项目代表性传承人推荐名单。2006年杨求诗与程阳八寨侗族工匠杨孝军共同成立了三江侗族自治县亚苗楼桥设计建筑有限公司。与杨似玉一样，杨求诗也积极开展侗族木构建筑工程项目的相关业务，公司完成的项目有三江侗族自治县林溪镇皇朝鼓楼、三江侗族自治县林溪镇岩寨鼓楼、马山县灵阳寺长廊、南宁江南水街八边形鼓楼、三江侗族自治县程阳山庄木建筑、龙胜县和平镇鼓楼、三江侗族自治县良口乡产口鼓楼、三江侗族自治县林溪镇平寨鼓楼、三江侗族自治县良口乡仁唐村戏楼、三江侗族自治县龙吉大桥木构建筑部分。由于公司的资质问题导致其不能承接重要的工程项目，需借用其他有资质的公司来承接项目，2015年以后，该公司的业务量不断减少。2017年以后，杨求诗主要是自己承接相关项目，如在南宁承建广西富凤农牧集团风雨桥和观景楼，重庆金佛山旅游度假村，程阳八寨景区南大门、八寨景区民族体验馆等。

三江当地侗族木匠自行建立的企业不论是否具有正规资质，其企业管理和运作都保留了农村传统的工作组织方式，专业组织化程度较低。三江当地侗族木匠自行建设的项目，对企业资质没有过多的要求，因此大多数当地企业的资质都较低。这就导致这些企业难以参加大型的建筑工程项目的招投标，只能以承接其他大公司分包项目为主，或者以装饰工程项目承接大型建设项目的局部工程。侗族木构建筑工程项目多采用分包项目的形式开展，工程造价总额总体上不高，近几年工程总价较高的项目有南宁红豆风情园，木构建筑工程部分总造价1300万元，由三江侗族自治县似玉楼桥工艺建筑有限公司承接，2015年完工；三江风雨桥桥面木构建筑由7个桥亭组成，在工程上分给7个掌墨师负责，也可以理解为将工程分包给了7个公司；2015年12月25日完工的三江龙吉风雨桥桥面木构建筑由5个桥亭组成，分包给5个公司负责，每个公司承接约120万左右的工程量，其中三江侗族自治县的公司4个、湖南省的公司1个，木构工程总造价500万元。

融水县古月民族工艺建筑有限公司成立于2016年7月5日，在融水县工商行政管理和质量技术监督局注册成立，注册资本为1000万元人民币，最初公司的创始人为自治区级传承人何绍堂。该公司的工匠主要是融水县滚贝侗族乡的侗族木匠。在公司发展壮大的2年里，主要经营民族工艺建筑工程设计、制作、施工及安装服务，民族工艺品雕刻、销售，民俗文化、民俗手工艺开发。

2016年以后，广西出现了一些以木构建筑为技术核心的专业化程度较高的企业。这些企业注册地在南宁、柳州等地，联合三江侗族自治县侗族工匠，组成专门针对木构建筑工程的团队。企业在资金和技术方面都有了新的提升和发展，例如广西匠之鼎古建筑工程有限公司和广西木和家建筑工程有限责任公司。广西匠之鼎古建筑工程有限公司，成立于2017年3月22日，注册资本2000万元，隶属广西桂鼎投资集团。该集团目前拥有全资、控股和参股的公司7个，总资产超过8亿元，年产值4亿多元，员工近600人。广西匠之鼎古建筑工程有限公司集结了一批广西优秀的木作大师，其中自治区级非遗代表性传承人有杨玉吉、吴承惠，市级非遗代表性传承人有杨全会等，以及一些三江侗族自治县的知名工匠。该公司还斥资数百万元在南宁市邕武路园林苗圃街建造了广西规模最大的侗族木构建筑展示区，由最能代表广西民族特色的木构建筑风雨桥、鼓楼、长廊、吊脚楼、凉亭、寨门等组成。展示区制作精良，全是古老的榫卯结构。该公司希望通过这些木作大师的作品展示区，将该区域打造成为广西乃至全国的木构建筑文化交流中心，把广西最具特色的木构建筑传承和发展下去。广西木和家建筑工程有限责任公司成立于2017年1月，是一家专业从事木结构建筑设计及施工（如木屋、木别墅、凉亭、回廊、风雨桥、园林景观建筑、室内外装饰装修等）以及销售竹材、木材等业务的公司。这家公司也有国家级非遗代表性传承人杨求诗、自治区级非遗代表性传承人杨玉吉加盟。该公司拥有已在木结构

建筑行业实战数十年的专业的施工团队、多名技术骨干。

课题组调查了柳州市建筑设计科学研究院、柳州市市政设计科学研究院、广西华展艺建筑设计有限公司、广西荣泰建筑设计有限公司、柳州市城市规划设计研究院、柳州园林规划建筑设计院等具有甲级和乙级资质的设计单位。自2006年以来，只有柳州园林规划建筑设计院、广西荣泰建筑设计有限公司等少数专业设计单位的设计项目与侗族木构建筑营造技艺有关，如柳州园林规划建筑设计院承担的柳州市园博园内侗族木构建筑设计项目，广西荣泰建筑设计有限公司承担的三江侗族自治县世纪城、中国（三江）侗族博物馆、旅游集散中心等项目。

2006—2017年，也是中国房地产业高速发展的时期。广西境内新建的大量民族建筑建设项目对促进侗族木构建筑营造技艺的传承与创新提供了难得的市场机遇。通过政府部门对传统文化的大力弘扬，侗族地区原有的乡村工程队积极适应建筑市场发展的需求，努力提升市场运作水平，实现民间作坊向企业化的转型，获得了一定的发展，并与专业设计单位联合，探索民族建筑设计的创新途径。2006年以来，在三江侗族自治县建成的三江风雨桥、侗乡鸟巢、平寨新鼓楼等新型侗族木构建筑项目在继承传统技艺的基础上有所创新，为侗族木构建筑发展做了有益探索。

为了弘扬和传承侗族建筑文化，在柳州市政府的支持下，2002年三江侗族自治县人民政府拨款及社会捐资110万元建成目前全国侗族最大、最高、最有标志性的27层鼓楼——三江鼓楼。2006年以来，三江侗族自治县建造了新的三江风雨桥、侗乡鸟巢、平寨新鼓楼等具有侗族木构建筑特征的新建筑。这些建筑的规模不仅大于传统的侗族建筑，在造型、审美和结构创新方面均有突破。这些建筑在传统建筑营造技艺不变的情况下，结合小型城镇公共性建筑的功能需要，进行了现代创新，取得较好的效果，成为三江侗族自治县地标性建筑，吸引了外部游客，扩大了地方知名度，为提升当地旅游品牌形象发挥了重要作用。

三、大专院校参与侗族木构建筑营造技艺保护与传承的情况

近年来，全国各类大中专院校参与非遗传承与保护的意识逐渐增强，甚至有些地区出现了教育界的非遗热。很多院校结合自身的专业特点对本地区非遗项目开展长期的研究、传承、保护与创新开发工作。侗族木构建筑营造技艺作为广西首批非遗项目，也得到很多院校和机构的青睐。

广西民族大学民族学与社会学学院是广西民族文化和文化遗产研究的重要机构之一，具有民族学一级学科博士学位授权点。民社学院除了在非遗研究方面成果丰硕，在传承人培养和培训方面也进行了大量的工作，承接了文化和旅游部、教育部中国非物质文化遗产传承人群研修研习培训计划（图4-3-1）。

中国非物质文化遗产传承人群研修研习培训计划是为提高中国非物质文化遗产保护水平，增强传承活力，弘扬中华优秀传统文化，由文化和旅游部、教育部决定实施的。该计划着眼于"强基础、拓眼界、增学养"，旨在通过对非遗传承人群的研修、研习、培训，帮助他们提高文化艺术素养、审美能力和创新能力。2016年6月至2018年7月，民社学院共承办11期非物质文化遗产传承人群培训班，内容涉及织锦技艺、刺绣技艺、编织技艺、染织技艺、民族服饰制作技艺、陶瓷烧制技艺和木构营造技艺等7个方面，参训人数共计394人，通过理论授课与实践考察等方式，对具有较高技艺水平的传统手工艺传承人或资深从业者进行培训。

2016年6月至2018年7月，广西民族大学民社学院举办了3期"中国非物质文化遗产传承人群研修研习培训计划"广

图 4-3-1   广西民族大学民社学院举办广西木构建筑营造技艺传承人培训班

西木构建筑营造技艺传承人群培训班，学员来自广西各地，其中三江侗族自治县木工工匠所占比重较大，对侗族木构建筑营造技艺的学习热情很高。每一期班的学员首先在广西民族大学进行理论学习，然后到南宁、柳州、三江、湖南通道等地参观、交流和实践，并完成一件创作作品。学员在这可以得到系统性的知识学习和实践性操作，并有机会接触一批学者、工匠和专家，对深入理解非遗的文化价值有直接的帮助，对未来的事业发展也起到十分重要的作用。

广西艺术学院建筑艺术学院长期注重三江侗族自治县侗寨建筑村寨的研究

工作，定期到三江侗族自治县开展调研工作，并就相关项目申报了国家艺术基金，举办了多期培训。

2016年6月，广西艺术学院建筑艺术学院国家艺术基金2016艺术人才培养项目"美丽壮乡"民居建筑艺术人才培养课题组来到广西三江侗族自治县程阳八寨开展考察活动。三江侗族自治县村寨管理局、住建局、申遗办相关领导出席了学术研讨会议，向学员们介绍了三江侗族自治县在村寨建设和保护中的举措以及在申报世界文化遗产中遇到的问题和困难。民居特色的保护和乡村经济的发展是一对矛盾而统一的整体，如何平衡村民利益和文化保护的需求是目前面临的现实问题。2018年5月，广西艺术学院与泰国艺术大学联合实践工作营开展了"跨域设计——侗族民居建筑的保护与传承"活动，广西艺术学院西南民族建筑与现代环境艺术设计方向的导师和泰国艺术大学本土建筑艺术研究方向的导师、博士生和硕士生来到三江侗族自治县林溪镇程阳八寨进行考察，对三江侗族传统民居建筑现状进行了全面调研，并认真聆听了国家级木构建筑传承人杨求诗、侗学研究会会长杨永和讲解的侗族木构建筑营造、构造、文化及材料应用等知识。设计小组分别对民族建筑地理环境、物理环境、民居建筑形制及鼓楼等进行了具体的了解和测绘，进行了相关保护与开发利用的创新设计实践。

柳州城市职业学院是一所有80年办学历史的国家公办院校，国际化与民族化是学校办学的特色，学院重视对民族文化的研究与教育工作。学院建筑工程与艺术设计系教学团队长期开展关于三江侗族自治县侗族村寨的历史建筑测量测绘和建筑学的研究工作，在工作中积极引进无人机、三维激光扫描仪等数字化先进设备和技术，深入侗族村寨，为侗族文化遗产建立数字化档案，提升研究和保护手段，助力遗产保护工作。教学团队还通过寻访侗族木构建筑工匠和民间艺人，积累了大量关于侗族木构建筑的数据和资料，承接相关研究课题，开发侗族木构建筑营造技艺课程与教材，在校内建立了侗族木构建

筑营造技艺博物馆和传承基地。2015年3月，柳州市文新广局与柳州城市职业学院签订合作协议，共建"柳州市侗族木构建筑营造技艺研究与传承基地"；2016年，该基地获得广西文化厅授予的"自治区级非遗（侗族木构建筑营造技艺）保护平台和传承基地"称号；2017年，该基地获得广西教育厅授予的"广西职业教育民族文化传承创新基地"称号；2018年，该基地获得柳州市社科联授予的"柳州市少数民族传统技艺科普基地"称号；2019年，该基地获得柳州市教育局授予的"中小学研学基地"称号。该基地面向社会长期承担侗族木构建筑营造技艺的传承工作（图4-3-2~图4-3-5）。

2014年，柳州城市职业学院成立了非物质文化遗产传统技艺研究学会，之后更名为文化遗产研究学会。该学会立足三江侗族自治县侗族村寨长期开展其历史建筑和非物质文化遗产的相关研究，坚持田野调查和基础性研究工作，完成了广西哲学社会科学规划项目"申遗背景下的广西侗族村寨建筑艺术保护与创新研究"、柳州市社科联社科规划资助课题"侗族村寨申报世界文化遗产的文化价值和保护策略研究"、柳州市软科学课题"侗族木构建筑营造技艺在柳州市传承与创新现状的研究"等十多项研究项目，并参与了侗族村寨申报世界文化遗产的相关研究工作（图4-3-6）。

2018年，柳州城市职业学院建筑工

图 4-3-2　柳州城市职业学院侗族木构建筑营造技艺传承基地展示馆

图 4-3-3　国家级非遗代表性传承人杨似玉现场授课

图 4-3-4　国家级非遗代表性传承人杨求诗现场授课

图 4-3-5　自治区级非遗代表性传承人杨玉吉现场授课

图 4-3-6　　柳州城市职业学院文化遗产研究学会做田野调查

程与艺术设计系的学生成立了百疆文化遗产保护中心。该中心借助大专院校科研条件和资源，积极参与侗族村寨文化遗产保护工作。学生在教师的指导下开展田野调查、传承人采访，参与建筑保护与利用的实践，同时以三江侗族自治县高友村为实践基地，帮助当地开展遗产保护与宣传。百疆文化遗产保护中心拟在高友村建立文化遗产展示中心，帮助侗族村民后代认识自身文化遗产的价值，提升当地遗产保护的理念与手段，守护侗族村寨的文化（图4-3-7）。建筑工程与艺术设计系学生的相关创业项目"高友古村落保护与开发"

获得第五届中国"互联网+"大学生创新创业大赛广西赛区银奖（图4-3-8）。

在柳州市范围内，非遗保护机构与当地院校和企业积极探索校政企合作开展非遗保护的项目实践，充分发挥职业院校在人才培养方面的资源优势，定期开展面向社会和传承人的培训工作。柳州市非遗保护中心和三江侗族自治县非遗保护与发展中心于2016年7月在柳州城市职业学院举办了为期三天的三江侗族自治县非遗（传统技艺类）代表性传承人培训，这是地方非遗保护机构与大专院校联合开展传承人培训的一次较早的尝试

图 4-3-7　百疆文化遗产保护中心成员开展田野调查

图 4-3-8　百疆文化遗产保护中心成员参加第五届中国"互联网＋"大学生创新创业大赛

（图 4-3-9）。2017 年，柳州市非遗保护中心与柳州城市职业学院合作，举办了多期侗族木构建筑营造技艺的社会培训，邀请国家级非遗代表性传承人杨求诗等现场讲课，并拍摄教学录像（图 4-3-10）。2018 年 11 月，柳州城市职业学院建筑工程与艺术设计系举办非物质文化遗产传统工艺工作站现场培训会（图 4-3-11）。

图 4-3-9　　2016 年 7 月非遗代表性传承人培训班

图 4-3-10　　杨求诗在柳州非遗学堂授课

图 4-3-11　非物质文化遗产传统工艺工作站现场培训会

2019年，广西柳州市文化广电和旅游局非遗科与柳州城市职业学院合作举办第四批柳州市级非遗文化传承人培训（图4-3-12）。2018年，由柳州市非遗保护中心（柳州市群艺馆）与柳州城市职业学院联合制作的《侗族木构建筑营造技艺》纪录片在柳州电视台和柳州App长期播放，获得了较好的社会效益（图4-3-13）。

图 4-3-12　第四批柳州市级非遗文化传承人培训

图 4-3-13　《侗族木构建筑营造技艺》纪录片

第 五 章

三江侗族自治县侗族木构
建筑营造技艺传承与创新中
存在的问题及其对策

在调查和研究过程中，课题组发现目前存在许多制约侗族木构建筑营造技艺传承与创新发展的问题，有些是全国相同领域共同存在的问题，有些是本地区存在的问题，只有对这些问题进行深入的分析，查找原因，才能有针对性地去做出有效对策。

一、三江侗族自治县侗族木构建筑营造技艺传承与创新中存在的问题

（一）基础性研究不足，难以把握文化遗产的核心价值

侗族木构建筑营造技艺是第一批国家级非物质文化遗产，鉴于当初申报的研究基础薄弱，全国在该领域的研究积累不够，对该项文化遗产核心价值的认识是十分有限的。按照目前社会上流行的描述方式，侗族木构建筑营造技艺的核心价值与中国中原地区木构建筑营造的核心价值没有太大的差异，仅仅强调了木构建筑的榫卯结构的魅力，没有基于当地的地理特征和文化特点去寻找真正属于侗族的木构建筑营造技艺的核心价值，这对于该技艺的传承有所误导。

根据本团队的长期研究，侗族木构建筑营造技艺是西南地区传统山地干栏式建筑与中原地区官式建筑文化融合的产物。侗族村寨建筑延续了中国西南地区乃至东南亚古代干栏式建筑的特点，第一层架空，构造十分灵巧，使公共性建筑和民居均能因地制宜地建造于崎岖不平的山地之上。明代以后，中原地区官式建筑文化进入侗寨，穿斗式建筑结构被广泛地应用于民居和大型的公共性建筑之中，但不同于南方其他地区的穿斗式结构的使用，侗族村寨穿斗式建筑根据地形特点，将第一层设计为干栏式建筑的架空层，形成自己的建筑结构特点。公共性建筑屋顶采用中原官式建筑标志性的歇山式屋顶和攒尖式屋顶，体现了明清时期中原建筑文化与西南地区少数民族干栏式建筑的文化融合。这种文化融合程度超过了临近的苗族、瑶族等南方少数民族建筑，是最为典型的代表，体现了世界文化遗产所定义的"可以为一种类型建筑群或景观的杰出范例，展示出人类历史上一个（或几个）重要阶段的作品"的价值。同时，木构建筑营造技艺所伴随的各种文化仪式也是文化交融的产物。因此，在非物质文化遗产传承的过程中，我们必须不断研究其核心价值，选择合适的典型案例，才能将一种非物质文化遗产不走样地传承下去。

由于柳州市高等教育相对起步较晚，高校数量较少，市属院校以高职院校为

主,柳州市没有形成一个文化研究较为集中的地方,柳州本地对侗族木构建筑营造技艺及相关文化的研究人员较少,且缺乏建筑学、人类学、民族学和艺术史背景的研究人员,已有研究文章数量较少,层次浅,缺乏有影响力的本地区标志性研究成果。从整个广西对侗族木构建筑的研究情况来看,主要有广西师范大学和广西民族大学有关人类学和民俗学方面的教师和研究生所做的研究,研究内容上以传统技艺生存背景的人类学考察为主。建筑学方面的研究有来自广西大学和广西华蓝设计(集团)有限公司少数研究人员的研究论文。总体上,广西本土的研究机构和研究人员对侗族木构建筑营造技艺的基础性研究不足,对历史建筑、非遗传承人、建筑文化的历史内涵、技艺源流与艺术价值等缺乏基础性研究数据和资料,这造成社会上对该传统技艺的历史价值和文化价值认识模糊,技艺传承与创新困难。宣传难以体现专业性,很多官方的文化宣传资料简单空洞,一些花费巨资建设的博物馆内部展示内容简单,与硬件的投入不相符,不能真正展现非物质文化遗产丰富的精神价值和文化内涵。基础研究的缺乏,严重制约了非物质文化遗产传统技艺的保护和产业发展工作的开展和推进。

日本是亚洲国家中首先开始系统性研究传统技艺的国家。20世纪20年代,日本掀起了"民艺运动"。该运动以日本民艺之父柳宗悦为代表,1926年,他与富本宪吉、河井宽次郎、浜田庄司联名发表《日本民艺美术馆设立趣旨书》,大量的民间手工艺博物馆和保护机构应运而生。柳宗悦在20世纪30—40年代相继出版的《民艺论》《工艺文化》《工艺之道》《民艺四十年》《日本手工艺》等专著,奠定了日本传统手工艺研究的基础理念和文化原型,对日本全社会形成传统手工艺文化价值认同起到十分重要的作用。20世纪70年代,日本开始有计划、有策略地帮助传统手工业实现现代转型,推出了"一村一品"计划,通过国家政策的推动,将传统手工艺进行现代市场化的改造和推广,例如日本和服工艺及文化、日本陶艺、日本茶道等,作为日本文化的载体辐射到世界各地,获得了成功。日本如果没有20世纪前期的基础性研究,内部的文化普及和价值认同培育,就不可能有后来的现代国家化成功转型。[①]

(二)侗族村寨传统技艺传承方式不能适应现代人才培养的需要

一种文化的传承需要有年轻的从业者不断加入到产业中来,并不断提高从业者的水平,才能保证文化的不断传承和发展。三江侗族自治县侗族木构建筑营造技艺的从业人员相对较多,也能够形成年龄

①刘洪波.高校参与地方民族特色产品开发与品牌推广的研究与实践:以广西为例[J].科研,2015(1):156–157.

梯队，但是，由于工程项目缺乏稳定性，只有少部分人能专职从事木工工作，大部分人为临时兼职，即有工程项目的时候从事木工工作，平时从事其他农业劳动和生产，要想让这些人不断提高其技术水平很难。

根据对林溪镇年轻人的调查，年轻木工大部分文化程度只有初中水平，他们较早地放弃了学校的学习，未成年时就跟随木工师傅学习和工作。对于这一群体，木工工作对他们远不及到大城市从事其他工作的吸引力大，从事木工只是一个暂时的状态，只要有机会从事其他工作，他们就会很轻易地放弃目前的木工工作。由于很多年轻的木工文化程度低，即使一直从事木构建筑工作，在设计和管理水平方面也难以提高，这是木构建筑传承存在的一个严重的问题。

侗族木构建筑营造技艺是中国传统农业文化的产物，具有浓厚的封建思想，工程组织沿袭作坊式模式，重视师承关系，开放性不足，较为封闭，难以与外界合作。侗族木工按照村寨中传统理念，要能够不断提升技术水平，并成为掌墨师，需要得到师傅的长期观察，在其"人品"和"悟性"经过考验后方能确定是否对其传授核心的技术，有些村寨对学徒正式的"入门"要求要到其 36 岁以后，在人才培养数量上难以适应现代社会的市场需求。

目前，三江侗族自治县政府为了加强非遗的保护和传承，开展了"侗歌进校园""侗族刺绣进课堂"等以培养民族文化认同而进行的基础教育改革，以专项项目的形式选派老师（师傅）到乡村开展培训，如侗族大歌、侗戏等项目。对于尚未能开展相关专业教育的职业教育领域，三江侗族自治县职教中心在 2018 年以后停止了其职业教育办学，将其改为中学，非遗传承融入当地职业教育暂时还未能实现。

（三）技术标准不健全制约侗族木构建筑营造技艺的传承与创新

侗族木构建筑在设计和施工方面没有专门的国家技术标准，中华人民共和国国家标准中的《传统建筑工程标准》《木结构设计标准》《木结构工程施工规范》《木结构工程施工质量验收规范》等标准，也只是针对常见普通木构建筑。可参照的国家标准是《古建筑修建工程质量检验评定标准（南方地区）》（CJJ 70—96，1997 年），该标准是以传统汉族地区建筑为主，所以，一般专业设计单位无法按照正规建筑设计流程承接侗族木构建筑的设计项目。在最近十年，由于中国房地产的快速发展，建设项目较多，专业设计单位忙于常规的现代建筑设计任务，无暇顾及地方性传统建筑的设计与相关问题的思考。在工程建设方面，同样存在缺乏技术标准的问题，做好的木构建筑在防火等方面存在诸多隐患，给建筑工程质量检验带来许多目前无法解决的问题。所以，侗族木构建筑工程项目一直作为一个特殊的建筑工程类型游走在正规建筑与乡土建筑之间的灰色地带。许多民族地区为了保留这一技艺，弘扬民族文化，只能是按照地方性鼓励政策，放宽审批标准，或者以建筑装饰工程和园林景观的名义，建造事实上的建筑物，这留下了可能存在的安全隐患。

侗族木构建筑企业的资质普遍较低，难以参加大型木构建筑工程项目的设计和施工招投标，只能从专业建筑企业获得一些项目的分包工程，利润较低，又使得侗族木工对承接木构工程项目的积极性不强。而且由于农民和专业企业之间存在观念和文化上的巨大差距，在项目设计和项目施工过程中二者的地位并不对等。在设计方面，传承人由于不善于绘图（侗族木构建筑掌墨师的传统建筑设计方式是无图纸的），难以和专业设计单位合作；专业设计单位人员普遍不具有中国传统木构建筑知识，所以很多大型设计项目在设计理念、建筑结构和装饰效果等方面呈现出简单粗放、缺乏内涵，甚至摒弃了传统建筑结构和造型的精华等问题，这都对侗族木构建筑营造技艺的传承具有消极作用。因此，侗族人自建的企业基本上不能成为真正意义上的建筑企业，在一些项目的承接中掌墨师们不得不与城市里的专业设计单位和施工企业合作。但他们内心是极不情愿开展这样的合作的，他们会在合作中坚守自己的技术，不轻易传授他人，尤其不愿意提供建筑结构的图纸和模型。这是由于担心新一代建筑设计师获得图纸后，掌墨师们失去自己的优势，这种心理显然不符合时代的发展趋势。在施工方面，由于缺乏专业化的木构建筑施工监理，施工往往只能由掌墨师自己监理，在中国快节奏发展的今天，很多建设项目为了赶工期，在制作上不能参照传统流程，造成很多建设项目粗制滥造，影响后代对侗族木构建筑价值的认识。

二、三江侗族自治县侗族木构建筑营造技艺传承与创新发展的对策

侗族木构建筑营造技艺的传承与创新需要有一个良好的社会环境，光依靠政府行为难以带动更多的社会力量参与，环境的建设需要整合地方政府、科研机构、企业、学校和文化传承人（群）多方资源，通过行业协会将社会资源有效组织，形成一个跨行业平台，尝试制定侗族木构建筑营造技艺的地方技术标准，以地方政策和法规为保障，以扩大市场消费为导向，通过研究机构的参与，帮助民族民间企业向规范化、专业化方向发展，通过职业院校与企业合作，引进民间艺人，共同培养专

业技术人才，才能将侗族木构建筑营造技艺发扬光大。

（一）加强基础性研究工作

在柳州市本地建立侗族木构建筑营造技艺的基础性研究机构，依托高校和专业机构，整合专业人员，形成稳定的研究人员和队伍，给予政策和资金上的支持，以课题研究的形式，逐步将柳州市侗族木构建筑营造技艺的相关历史背景、文献资料、技术流程、实物资料以及各种相关数据进行收集、整理和研究，开展深入的传统技艺普查，通过田野调查，建立权威的基础性信息档案，为今后的研究者提供可靠的资料和依据，对年龄较大的传承人进行图像和影视资料的建档，定期出版、发行基础性研究资料，这是今后扩大研究层面和学术范围的重要步骤，也是加强文化宣传的基本资料和依据。

为提升本地区研究水平，需要引进外埠专家学者到柳州指导研究方法，帮助本地研究人员提升研究理念和研究能力，建立与国内外专家学者的联系机制，同时，选送青年研究人员到国内外高校和研究机构提升研究水平、扩宽学术视野，研究条件成熟时，建立专题学术会议，不断建设和积累，甚至提升为国际级常态化学术活动，这样不仅能提升柳州市民族文化的知名度，也对提升整体研究队伍水平、聚集研究人气起到有益的作用。

柳州城市职业学院文化遗产研究学

会从 2012 年开始开展对侗族木构建筑营造技艺的研究，完成了一批纵向和横向课题，已经开展了大量基础性研究，对重要的历史建筑进行测绘，对代表性传承人和民间艺人进行采访，建立档案，搜集相关文献资料，出版了专著，发表了多篇以基础调查为主的论文，为侗族木构建筑营造技艺研究提供基础信息。在此基础上，广西、湖南、贵州应该加强高校和研究机构的联动，联合国内外多所大学，开展侗族木构建筑营造技艺的研究项目，提升研究项目的层次和水平，形成长期稳定的研究团队，并面向国际学术界开展交流与合作，扩大本项目研究的国际影响力。

（二）强化整体性保护观念

村落遗产在世界文化遗产中属于文化遗产的文化景观，是文化遗产的新类型，"它是一定空间范围内被认为有独特价值、值得有意加以维持以延续其固有价值的包括创造物的综合体，至今还被人们使用，其生活方式、产业模式、工艺传统、艺术传统和宗教传统没有中断并继续保持和发展的城镇、乡村、工厂、矿山、农庄、牧场、运河、寺庙等都应当属于文化景观的范畴"。侗族木构建筑营造技艺就属于侗族村寨整个文化遗产中的一个极具特色的非物质文化遗产项目，与村寨的其他文化共同组成侗寨文化遗产。

按照《威尼斯宪章》等世界文化遗产保护的重要文件要求，在文化遗产保护的

"真实性"和"差异性"原则基础上，强化整体性保护理念，即与文化遗产相关的建筑、自然环境、生产生活方式、民俗、文化活动等，侗族村寨的文化价值是基于传统农业社会的信仰和理念，其核心文化价值体现在村落的布局、建筑的设计、乡村传统生产方式、民俗活动、传统手工艺等方面。在开展文化保护的过程中，我们需要将整个村寨的文化进行整体关照，研究它们之间的关系，不能孤立地对待其中的一项。

侗族木构建筑营造技艺与乡村的地理地形有关，形成了以干栏式建筑为特色的建筑风貌。近年来，由于工业机械化水平的提升，侗寨中原本起伏不平的山地被改造成为宽阔的平地，新建的木构建筑多以平地式建筑为主，干栏式建筑不断消失，侗族建筑的干栏特征也就逐渐淡出人们的视野。侗族木构建筑营造技艺与古代乡村风水文化有关，公共性建筑坐落的位置是有一个选址的原则和过程：在村寨保护与开发中，要尽可能保留村寨原有的自然形态，以及与此相关的古树、神庙、风水林等等自然和人工建筑，这样才能完整地解释公共性木构建筑在精神上的意义和功能上的用途。侗族木构建筑营造技艺与民俗有关，在重要建筑的筹建、选址、立柱、上梁、上瓦、落成等过程和环节中均伴随着一些传统仪式，这是非物质文化遗产重要的组成部分，也是最容易被忽视和遗弃的部分。侗族木构建筑营造技艺与农业社

会手工艺技术有关，传统工艺基于传统材料和工具形成，随着中国工业化水平不断提升，很多传统工具被现代工具取代，如木工电动工具等，材料方面传统手工瓦也被机器瓦取代，作为国家级非物质文化遗产，其核心文化和有代表性的建筑应该遵循传统的工艺和材料，延续下去。

参与非遗保护的政府、企业、学校都应该提升自身在整体性保护理念上的认识，只有在这一原则下制订保护方案和开展非遗传承，才能较好地将文化遗产延续下去。

（三）利用职业院校推动侗族木构建筑营造技艺的传承与创新

随着"非遗热"不断扩大，各层次办学机构都不同程度地启动非遗方面的教育教学工作，不论是大学还是中小学，非遗教育是国民教育中传统文化教育最直接的形式和载体，非遗中的传统戏剧、传统音乐、传统美术等项目越来越多地走进了中小学校园和课堂，非遗代表性传承人也定期到当地的学校参与非遗教育的具体工作。近年来，中小学学生研学活动蓬勃发展，社会各类研学基地纷纷建立，其中非遗研学也是发展最快的校外教育教学形式，非遗教育已经成为全社会关注的热点。除了基础教育，职业教育院校和应用型本科院校更适合培养未来从事与非遗技艺有关的行业和工作岗位的学生，这也是保障传统技艺良性发展和现代转型的重要

手段。

职业教育承担非遗传承实际由来已久，早在 20 世纪计划经济时代，由国家和地方文化部门、国家和地方二轻局等机构举办的中专学校以及大专院校不同程度设置了相关专业，如工艺美术专业、传统戏剧和曲艺专业等，这实际上也是一种非遗传承的职业教育方式，可直接培养未来从事传统技艺行业和岗位的人才。只是当时并没有非遗的概念，这种职业教育也不同于今天职业教育的概念，但其已经承担了文化传承的历史重任（图 5-2-1）。

2013 年，教育部、国家民委、文化部三部委联合发布了《关于推进职业院校民族文化传承与创新工作的意见》，提出了"推进职业院校民族文化传承与创新是发挥职业教育基础性作用，发展壮大中华文化的基本要求""推进职业院校民族文化传承与创新是提高技术技能人才培养质量，服务民族产业发展的重要途径"等重要指导意见。国内一些职业院校充分发挥职业教育校企合作、工学融合的办学特点，将职业岗位人才培养与当地非遗传承紧密结合，办出特色专业，如苏州工艺美术职业技术学院和上海工艺美术职业学院都专门设立了手工艺术学院，二级学院所

图 5-2-1　学生在传承基地展示馆跟老师学习侗族木构建筑营造文化

设专业大部分与当地的陶瓷、刺绣、金属工艺等非遗传统技艺有关，这是传统技艺传承与现代职业教育相结合培养创新人才的典型案例。

广西在职业教育领域结合非遗传承的案例也有不少，但有些专业因为就业岗位数量不够大，待遇不够高，学生报读积极性不够。相对较好的案例有钦州的坭兴陶艺，钦州坭兴陶艺是第二批国家级非物质文化遗产，有较好的市场，需要大量陶艺技术工人，在钦州市内的本科、大专和中专院校不同程度地开展了这一非遗项目的传承与教学，其中北部湾职业技术学校将其办学规模不断扩大，建立了大型实训基地，聘请多名非遗代表性传承人和民间艺人进校承担教学工作，取得了较好的办学成效（图5-2-2~图5-2-3）。

侗族木构建筑的艺术造型受到越来越多外界的关注和青睐，侗族木构建筑营造逐步走向现代工程技术领域，这就需要更多专业的工匠和技术工人，但目前还没有

职业院校专门开设该专业。柳州城市职业学院建筑工程与艺术设计系尝试在建筑设计、建筑工程技术等专业中开设侗族木构建筑营造技艺特色课程，但所培养的学生并不是从事木构建筑营造的技术工人。三江侗族自治县及其周边的县区大部分取消了中等职业学校，因此，利用中职学校开展侗族木构建筑营造技艺传承的尝试只能在湘黔桂三省（自治区）的其他地方寻找。

将非物质文化遗产传统技艺的人才培养纳入地方高校和中等职业学校，通过地方政府的扶持，逐步建立相关的专业和课程，不仅开展学历教育，同时开展社会培训、短期技术培训、农民工培训等项目，尝试建立地方劳动就业培训特色项目和颁发职业技能证书。2019年1月，国务院印发《国家职业教育改革实施方案》，从2019年开始，在职业院校、应用型本科高校启动"学历证书＋若干职业技能等级证书"制度试点（以下称1+X证书制度试

图 5-2-2　侗族木构建筑营造技艺基地研学活动

图 5-2-3　2019 年龙城中学和美国辛辛那提市内提威学校师生到侗族木构建筑
营造技艺传承基地参观交流

点）工作。侗族木构建筑营造也有可能建立自己的职业证书制度，逐步树立技术培训标准的权威性，纳入 1+X 证书制度，全面提升从业人员的素质，为扩大产业规模提供人才保障。

国内成功的非遗传统技艺产业化的发展项目不仅具有十分稳定的专业技术队伍，而且形成了专业人员梯级进阶的专业水平晋升和培养机制，使一个年轻人能够在学习和从事某种传统技艺过程中不断进步和发展，并建立一套通向事业成功的途径和模式，这样才能构建富有活力的产业从业人员队伍。产业化发展成功的地区一

般都会将非遗项目相关工种纳入当地职业教育的专业建设和社会培训项目当中。

（四）探索侗族木构建筑营造技艺的地方性技术标准

中国传统文化因为历史和传统观念的原因，对技术标准的介入比较排斥，因为没有刚性的标准，导致在某种传统文化或者作品判定文化价值和水平的时候因人而异，也造成了传统文化在传播、传承和推广方面的诸多问题。面对文化传承和更为广阔的现代商业市场，侗族木构建筑营造技艺需要不断建立和完善自身的技术标

准，才能将人才培养的规模不断扩大，并因为有标准而使得相应的行业有法可依。

侗族木构建筑营造技艺的标准同时涉及古建筑工程和非遗两个方面，作为传统民族建筑设计和施工标准可以参考中华人民共和国国家标准中古建筑工程方面的标准，如《古建筑修建工程质量检验评定标准（南方地区）》（CJJ 70—96，1997 年）、《古建筑木结构维护与加固技术规范》（GB 50165—92，1993 年）、《传统建筑工程技术标准》（GB/T 51330—2019，2019 年）等，以及中华人民共和国行业标准，如《古建筑修建工程施工及验收规范》（JGJ 159—2008，2009 年）。在这些规范框架下，开发侗族木构建筑的设计与施工的地方标准，尤其在大木作工程、屋面工程等方面突出侗族木构建筑的典型结构和工艺要求，尤其在干栏式建筑、鼓楼建筑、风雨桥建筑、寨门、粮仓、井亭等具有侗族建筑特点的构造、图集，丰富我国古建筑设计和施工标准体系。在非遗方面，侗族木构建筑营造技艺标准包括对其文化价值、历史发展、建筑类型、建筑选址，以及不同类型建筑的营造过程、仪式、相关材料和工具、师徒传承等方面进行描述，尤其在不同类型建筑的营造过程和仪式方面，通过对典型工艺流程的描述，记载一种文化的特征，以及该技艺相关的材料来源等等，这是侗族木构建筑营造技艺的教科书，也是该文化传承的蓝本。

编写侗族木构建筑工程技术地方标准工作可以由省区建设部门牵头，组建古建筑设计师、建筑工程专家、民间艺人、文化学者等组成的团队，参照国家相关标准，针对侗族地区建筑构造和工艺，制定地方性民族建筑设计与施工标准，经过省区级专业部门鉴定，在地方行业中推广，引导该行业向科学化、规范化方向发展。编写非遗传统技艺标准可以由高校牵头，联合相关文化学者、非遗保护机构专家、代表性传承人组建团队，借鉴日本等国家在非遗传承方面的经验，制定侗族木构建筑营造技艺标准，并在各类院校和培训机构中推广，不断完善，向海内外传播和推广。

中国非物质文化遗产保护工作开展近 20 年，各级非遗名录不断增加，已经形成了一个巨大的非遗名录群，各地非遗保护机构和社会组织针对不同类型不同地区不同文化背景的非遗项目开展了形式多样的保护与传承手段，不断探索和丰富中国非遗保护的模式，形成中国智慧和中国经验。总体上，非遗保护与传承需要不断整合各种社会力量，坚持田野调查和基础研究，探索非遗标准的建立与传播，充分发挥高校的科研能力，利用职业院校开展面向未来就业岗位的非遗人才培养和培训，完善非遗传承的人才培养体系，在非遗保护的同时，利用非遗资源帮助乡村脱贫致富，实现乡村振兴发展，面向海外传播中国非物质文化遗产，开展文化交流与互鉴，说好中国非遗故事，弘扬中华传统优秀文化。

参考文献

著作

［1］广西三江侗族自治县志编纂委员会.三江侗族自治县志［M］.北京：中央民族学院出版社，1992：11.

［2］李长杰.桂北民间建筑［M］.北京：中国建筑工业出版社，1990.

［3］张泽忠.侗族风雨桥［M］.香港：华夏文化艺术出版社，2001.

［4］蔡凌.侗族聚居区的传统村落与建筑［M］.北京：中国建筑工业出版社，2007.

［5］吴浩.中国侗族建筑瑰宝：鼓楼·风雨桥［M］.南宁：广西民族出版社，2008.

［6］石开忠.鼓楼·风雨桥［M］.贵阳：贵州民族出版社，2010.

［7］高雷.白描·鼓楼风雨桥测绘研究实录［M］.南宁：广西美术出版社，2011.

［8］张宪文.侗族木构建筑营造技艺［M］.北京：北京科学技术出版社，2014.

［9］刘洪波.侗族风雨桥建筑与文化［M］.长沙：湖南大学出版社，2016.

［10］蔡凌.侗族建筑遗产保护与发展研究［M］.北京：科学出版社，2018.

论文

［1］安学斌.21世纪前20年非物质文化遗产保护的中国理念、实践与经验［J］.民俗研究，2020（1）：24.

［2］唐国安.风雨桥建筑与侗族传统文化初探［J］.华中建筑，1990（2）：70-75.

［3］潘世雄.侗族鼓楼和风雨桥建筑的缘起［J］.广西民族研究，1995（3）：86-97.

［4］韦玉姣，韦立林.试论侗族风雨桥的环境特色［J］.华中建筑，2002（3）：97-99.

［5］程艳.侗族传统建筑及其文化内涵解析［D］.重庆：重庆大学，2004.

［6］郝瑞华.三江侗族建筑的科技人类学考察［D］.南宁：广西大学，2006.

［7］郎维宏.黔东南侗族鼓楼的装饰艺术［J］.建筑，2007（21）：73–75.

［8］李敏，杨祖贵.黔东南侗族民居及其传统技术研究［J］.四川建筑科学研究，2007（6）：180–182.

［9］廖明君.侗族木构建筑营造技艺［J］.广西民族研究，2008（4）：214，209–210.

［10］蒋馨岚.侗族建筑文化遗产研究［D］.武汉：华中师范大学，2009.

［11］吴军.水文化与教育视角下的侗族传统技术传承研究［D］.重庆：西南大学，2010.

［12］蔡凌，邓毅.侗族建筑遗产及其保护利用研究刍议［J］.湖南社会科学，2010（3）：198–200.

［13］石开忠.侗族风雨桥成因的人类学探析［J］.贵州民族学院学报（哲学社会科学版），2010（4）：37–40.

［14］刘洪波.民族化设计提升产品附加值：以广西"风雨桥"、"鼓楼"坭兴陶茶壶开发为例［J］.中国报业，2011（2）：56–57.

［15］高家双.侗族鼓楼建筑类型学研究［D］.长沙：中南林业科技大学，2011.

［16］刘洪波.高职艺术设计类专业学生就业能力提升的途径：以柳州城市职业学院为例［J］.当代职业教育，2011（6）：93–95.

［17］唐虹.侗族风雨桥的艺术人类学解读［J］.广西师范学院学报（哲学社会科学版），2011，32（3）：19–22.

［18］刘洪波."文化嵌入"与艺术设计类专业学生的创意能力培养［J］.柳州师专学报，2011，26（4）：99–102.

［19］向同明.侗族鼓楼营造法探析［D］.贵阳：贵州民族大学，2012.

［20］刘洪波.高职艺术设计类专业利用非物质文化遗产开展教学改革的探索：以柳州城市职业学院为例［J］.柳州师专学报，2014，29（4）：125–127.

［21］赵巧艳.非物质文化遗产视角下传统技艺的传承与保护：以侗族木构建筑营造技艺为例［J］.徐州工程学院学报（社会科学版），2014，29（5）：89–94.

［22］刘洪波.侗族木构建筑营造技艺保护与传承现状调查：以广西三江侗族自治县为例［J］.城市建筑，2014（35）：224–225.

［23］蒋凌霞，刘洪波.侗族风雨桥的社会功能探析［J］.城市建筑，2014（36）：303.

［24］刘洪波，蒋凌霞.侗族鼓楼建造仪式：以三江侗族自治县平寨新鼓楼建造为例［J］.文化学刊，2015（9）：61–64.

［25］凌恺.广西侗族风雨桥木构架建筑技术初探［D］.南宁：广西大学，2016.

［26］刘洪波.侗族风雨桥建造仪式：以广西三江侗族自治县龙吉风雨桥建造为例［J］. 文化学刊，2016（1）：174-177.

［27］刘洪波.新型城镇化进程中侗族木构建筑的保护与设计创新［J］.江西建材，2016 （7）：9-10.

［28］刘洪波.侗族风雨桥建筑营造技艺及其文化来源探析［J］.西安建筑科技大学学报 （社会科学版），2016，35（2）：67-70.

［29］蒋凌霞.非物质文化遗产保护与高职教育相结合路径探索：以柳州城市职业学院为 例［J］.太原城市职业技术学院学报，2016（4）：5-6.

［30］刘洪波.基于产教融合的高职多元化创新创业人才培养模式重构［J］.教育与职 业，2016（13）：83-85.

［31］刘洪波.清中晚期广西三江地区侗族风雨桥建筑造型演变探析［J］.山西档案， 2016（4）：131-134.

［32］张家亮.鼓楼建构技术及韧性结构特征研究［D］.重庆：重庆大学，2017.

［33］陶喆.侗族风雨桥文化符号研究［D］.吉首：吉首大学，2017.

［34］张星照.通道坪坦河流域侗族鼓楼结构类型与营造技艺的现代延续［D］.长沙：湖 南大学，2018.

［35］林园，刘洪波.校政合作共建非遗保护与传承基地的探索：以柳州城市职业学院为 例［J］.文化创新比较研究，2018，2（30）：68-69.

［36］蒋凌霞.掌墨师：侗族木构建筑营造密码的解码人［J］.文化学刊，2019（1）： 153-155.

［37］刘洪波，蒋凌霞.广西三江侗族自治县侗族木构建筑保护状况调查［J］.文化学 刊，2020（1）：51-53.

［38］刘洪波.侗族村寨文化遗产保护路径的探究：以三江侗族自治县为例［J］.中国民 族博览，2020（4）：66-68.

［39］蒋凌霞，刘洪波.广西三江侗族自治县侗族木构建筑营造技艺代表性传承人调查 ［J］.文化创新比较研究，2020，4（9）：46-47，50.

［40］刘洪波.高校参与地方民族特色产品开发与品牌推广的研究与实践：以广西为例 ［J］.科研，2015（1）：156-157.

［41］蒋凌霞.侗族木构建筑营造技艺历史名匠传承谱系研究［J］.文化学刊，2020 （5）：55-57.